AutoCAD
从入门到精通

沛　林◎主编

CS K 湖南科学技术出版社·长沙

图书在版编目（CIP）数据

AutoCAD 从入门到精通 / 沛林主编 . — 长沙：湖南科学技术出版社，
2024.1
ISBN 978-7-5710-2560-1

Ⅰ . ①A… Ⅱ . ①沛… Ⅲ . ① AutoCAD 软件 Ⅳ . ① TP391.72

中国国家版本馆 CIP 数据核字（2023）第 248399 号

AutoCAD CONG RUMEN DAO JINGTONG

AutoCAD 从入门到精通

主　　编：沛　林
出 版 人：潘晓山
责任编辑：杨　林
出版发行：湖南科学技术出版社
社　　址：湖南省长沙市开福区芙蓉中路一段 416 号泊富国际金融中心 40 楼
网　　址：http://www.hnstp.com
印　　刷：唐山楠萍印务有限公司
　　　　　（印装质量问题请直接与本厂联系）
厂　　址：唐山市芦台经济开发区场部
邮　　编：063000
版　　次：2024 年 1 月第 1 版
印　　次：2024 年 1 月第 1 次印刷
开　　本：710mm×1000mm　1/16
印　　张：15
字　　数：270 千字
书　　号：ISBN 978-7-5710-2560-1
定　　价：59.00 元

AutoCAD 是由 Autodesk 公司开发的一款计算机辅助设计软件，有着强大且全面的功能、良好的兼容性和协作性，是市场上知名和广泛应用的 CAD 软件之一。AutoCAD 自 1982 年问世以来，经过四十余年的发展，已经成为建筑设计、土木工程、室内装潢、机械制造、家具制造、园艺设计等多个领域中不可或缺的重要工具，AutoCAD 的使用也成为相关行业从业人员必备的技能之一。

本书以帮助 AutoCAD 爱好者和初学者快速掌握软件的使用技巧为目标，全面详尽地介绍了 AutoCAD 的功能和操作方法，力求让读者轻松从入门走向精通。

本书以 AutoCAD 2024 为基础进行讲解，内容涵盖了 AutoCAD 2024 的基本使用方法和诸多操作技巧。无论是基本功能、二维绘制还是三维建模，在本书中都有详细的讲解和示范。除了基础操作，我们还提供了丰富的实用案例，帮助读者将所学知识应用到实际工作中。通过这些案例的学习，读者可以快速提高自己的设计能力和工作效率。

本书秉承了实用性、典型性和便捷性的编写宗旨，尽可能为读者提供了从基础知识到实战案例的全面学习内容。本书的主要特点包括：

◆ 内容全面，专业性强

本书内容涵盖 AutoCAD 2024 绝大部分基本操作，不论是 AutoCAD 的基本介绍，还是二维及三维的绘图与编辑，其主要功能及操作都有十分详细的讲解，并且对相关知识进行了专业的解释，以确保读者对相关概念和知识有全面的了解。

◆ 图文搭配，结构清晰

本书不仅对软件中的功能、操作有详细的文字描述，还配备了大量的插图以辅助说明，力求做到"一步一图"，可以直观地向读者展示概念和实践之间的联系。并且，本书的章节安排合理，内容逻辑清晰，可以帮助读者建立起全面而系统的知识框架。

◆ 语言简洁，由浅入深

本书的语言通俗易懂，避免使用过多的专业术语和复杂的操作指令，以确保读者能够轻松理解所学知识。书中每个章节都将从基础知识开始讲解，逐步深入，即便是零基础的读者也能快速入门。另外，本书不仅仅是理论性的介绍，还提供了实际应用的指导和建议。读者可以通过学习本书将所学知识应用于实际工作中，解决实际问题，真正达到精通。

我们相信通过学习本书，读者不仅可以掌握 AutoCAD 软件的基本使用操作，还可以领悟一些绘图、设计的技巧和窍门，最终形成适合自己的绘图、设计风格。希望本书能够成为读者学习 AutoCAD 的良师益友，为读者在设计工作中提供便利，帮助读者在绘图、设计工作中取得更加出色的表现。

在本书的编写过程中，笔者尽力确保内容的准确性和全面性。然而，由于编者水平有限以及时间限制，书中难免存在一些不足之处。因此，非常希望读者能够提出宝贵的意见和建议，帮助笔者不断改进和完善本书，以便更好地满足读者的需求。同时，笔者也会认真倾听读者的反馈意见，不断改进和升级本书的内容和质量，让读者获得更好的学习体验和使用效果。

目　录
CONTENTS

第3章　编辑二维图形

第4章　图形的尺寸标注

01

第1章

初识AutoCAD

导读 ▷

AutoCAD具有强大的绘图和设计功能，可以帮助用户创建、编辑和查看二维图形及三维图形。它提供了丰富的绘图工具和命令，可以绘制几何图形、标注尺寸、绘制曲线、创建复杂的图形对象等。通过学习本章，用户可以快速了解AutoCAD的基本信息以及使用方法。

学习要点：★学会启动与关闭AutoCAD

★了解AutoCAD的操作界面

★掌握AutoCAD的文件管理方法

★掌握AutoCAD的基本输入操作

1.1 启动与关闭AutoCAD

使用 AutoCAD 进行绘图或设计之前，需要先启动程序。在绘图或设计完成后，则需要关闭软件。下面将介绍启动与关闭 AutoCAD 的方法。

1.1.1 启动AutoCAD

启动 AutoCAD，可以通过双击桌面图标，也可以通过单击【开始】菜单中的快捷方式，还可以通过打开与 AutoCAD 关联的格式文件来启动。

双击桌面图标：如果用户在安装过程中选择了在桌面上创建快捷方式，可以直接双击桌面上的 AutoCAD 图标来启动程序，如图 1-1 所示。

图 1-1

单击【开始】菜单中的快捷方式：单击 Windows 任务栏中的【开始】按钮，然后单击【开始】菜单中的 AutoCAD 软件快捷方式，即可启动 AutoCAD，如图 1-2 所示。

图 1-2

启动后，系统会加载软件，加载界面如图 1-3 所示，启动后的界面如图 1-4 所示。

图 1-3

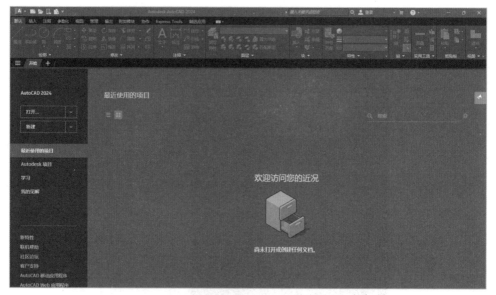

图 1-4

打开与 AutoCAD 关联的格式文件：

1 在本地文件夹中双击打开与AutoCAD相关格式的文件，如*.dwg、*.dwt等，可以直接启动AutoCAD软件，如图1-5所示。这些文件格式是AutoCAD的原生文件格式，AutoCAD软件可以直接识别和打开这些文件。

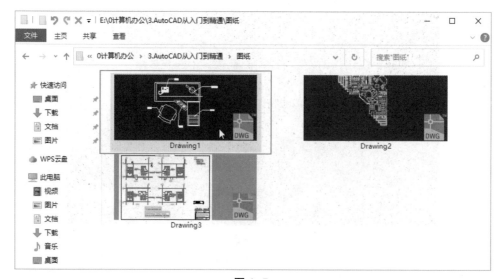

图 1-5

2 系统会弹出【你要如何打开这个文件？】对话框，选择【AutoCAD
Application】选项，勾选【始终使用此应用打开.dwg文件】复选框，
单击【确定】按钮，如图1-6所示。

图 1-6

3 AutoCAD 2024启动后的界面如图1-7所示。

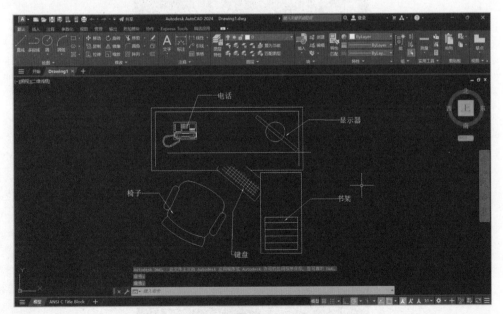

图 1-7

1.1.2 关闭AutoCAD

为了节省系统资源、不影响其他程序运行等原因，在使用 AutoCAD 后需要将其关闭，关闭 AutoCAD 分为关闭当前文件和关闭 AutoCAD 软件两种。

（1）关闭当前文件

关闭 AutoCAD 中当前打开的文件，可以通过应用程序按钮，也可以关闭标签页。

应用程序按钮：单击【 **A** 】按钮，在其下拉按钮中单击【关闭】按钮，在其子列表中选择【当前图形】命令，如图 1-8 所示。

图 1-8

关闭标签页：在 AutoCAD 的编辑区域中，每个打开的文件都有一个标签页。单击标签页右侧的【 × 】按钮即可关闭对应的文件，如图 1-9 所示。

图 1-9

请注意，在关闭文件之前，请确保已保存对文件的所有修改，以免数据丢失。

（2）关闭AutoCAD软件

关闭 AutoCAD 软件，可使用应用程序按钮，也可以使用关闭按钮，还可以使用命令行或组合键。

应用程序按钮：单击【A】按钮，在其下拉列表中单击【退出 Autodesk AutoCAD 2024】按钮，如图 1-10 所示。

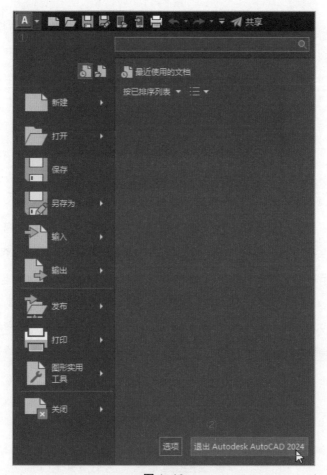

图 1-10

关闭按钮：在 AutoCAD 中已经关闭了所有文件的情况下，单击窗口右上角的【×】按钮即可关闭软件，如图 1-11 所示。

图 1-11

命令行：在命令行中输入"QUIT"或"EXIT"命令，然后按下【Enter】键即可，如图 1-12 所示。

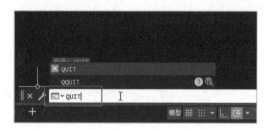

图 1-12

组合键：使用【Alt+F4】或【Ctrl+Q】组合键也可关闭程序。

如果在关闭 AutoCAD 软件时，用户未对文件进行保存，系统会弹出如图 1-13 所示的提示框，用户需要根据实际情况选择是否保存当前文件。如果需要保存，则单击【是】按钮，然后对文件进行保存；如果不需要保存，想要直接关闭程序，则单击【否】按钮；如果单击【取消】按钮，程序将不会退出，而是返回操作界面。

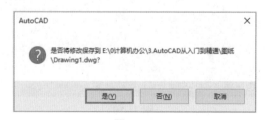

图 1-13

实用贴士

　　快速双击应用程序左上角的【Ⓐ】按钮也可以起到关闭AutoCAD 软件的效果。同样的，如果用户未对打开的文件进行保存，程序会提示用户是否保存当前文件。

1.2　AutoCAD的操作界面

　　AutoCAD 的操作界面是指 AutoCAD 软件的用户界面，它提供了各种工具和命令，用于创建、编辑和管理绘图。下面将介绍 AutoCAD 的操作界面以及相关元素。

1.2.1　AutoCAD的工作空间

　　AutoCAD 的工作空间是指在 AutoCAD 软件中进行绘图和编辑的特定环境，AutoCAD 2024 为用户提供了三种工作空间，分别是草图与注释、三维基础和三维建模。每种工作空间都有不同的工具和功能，以满足不同类型的绘图和建模需求。

　　三种工作空间的概念和作用如下：

　　◆草图与注释工作空间：主要用于创建和编辑二维图形。它提供了各种绘图工具和注释标注工具，适用于制作平面图、工程图、平面布置等应用，是最常用的工作空间。在这个工作空间中，可以进行线段、圆、多边形等基本图形的绘制，以及文本、尺寸、注释等标注的添加。

　　◆三维基础工作空间：主要用于基本的三维绘图和建模操作。它提供了一些常用的三维建模工具和命令，适合初学者学习和了解三维建模的基本概念和操作。在这个工作空间中，可以创建和编辑简单的三维几何体，如立方体、圆柱体、球体等。

　　◆三维建模工作空间：主要用于复杂的三维建模和设计操作。它提供了更多的建模工具和命令，适合专业的三维设计和建模任务。在这个工作空间中，可以使用各种高级建模技术，创建复杂的三维物体、表面和实体模型。

在 AutoCAD 2024 中，默认的工作空间为草图与注释工作空间，如图 1-14 所示。用户可以通过切换工作空间，在不同的环境中进行绘图和建模操作，从而提高工作效率。

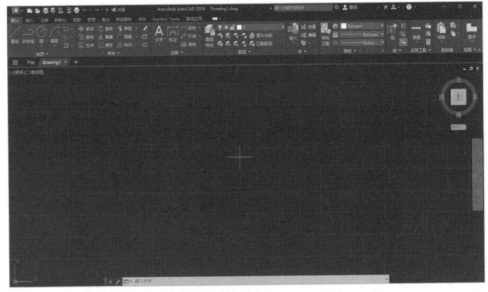

图 1-14

如果想要切换工作空间，只需要单击工作界面底部状态栏中右侧的【⚙▾】按钮，在弹出的菜单中选择需要切换的工作空间选项即可，如图 1-15 所示。

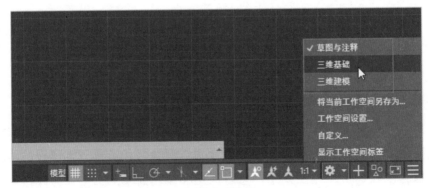

图 1-15

1.2.2 AutoCAD的操作界面

由于 AutoCAD 2024 默认的工作空间为草图与注释工作空间，并且草图与注释工作空间是 AutoCAD 中最为常用的工作空间，因此本节将着重介绍草图与注释工作空间的操作界面。

草图与注释工作空间界面主要由应用程序按钮、快速访问工具栏、标题栏、菜单栏、功能区、文件选项卡、绘图区、命令行与文本窗口、状态栏等组成，具体分布如图 1–16 所示。

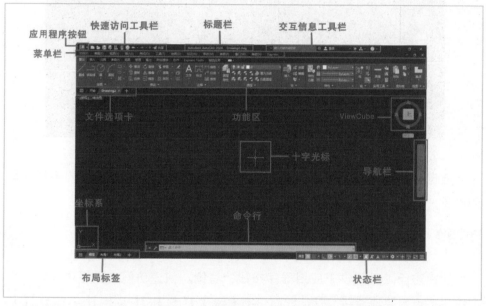

图 1–16

1.2.3 应用程序按钮

应用程序按钮【 **A** 】位于 AutoCAD 主界面的左上角，通常显示为 AutoCAD 软件的图标。

单击应用程序按钮可以弹出一个菜单，其中包含了一系列 AutoCAD 的功能和工具，例如新建、打开、另存为、输入、输出等命令。右侧区域则是【最近使用的文档】列表，以及【选项】和【退出 Autodesk AutoCAD 2024】按钮，如图 1–17 所示。

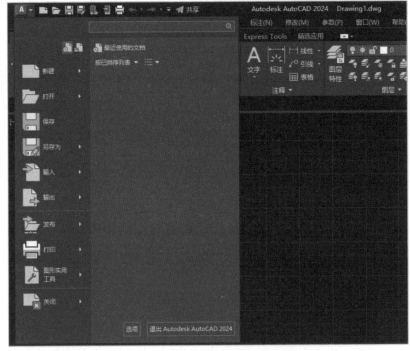

图 1-17

通过应用程序按钮，用户可以方便地访问和管理 AutoCAD 的各种功能和设置，提高工作效率和便捷性。

1.2.4 快速访问工具栏

快速访问工具栏位于应用程序按钮的右侧。快速访问工具栏中包含一系列操作常用的快捷按钮，默认状态下有【新建】【打开】【保存】【另存为】【从 web 和 mobile 中打开】【保存到 web 和 mobile】等，如图 1-18 所示。

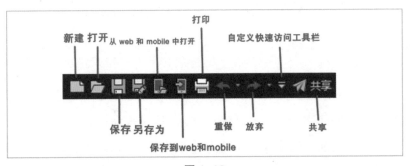

图 1-18

通过快速访问工具栏，用户可以快速访问常用的命令和功能，提高工作效率。除了上述功能，用户还可以根据自己的需求和习惯自定义快速访问工具栏，将经常使用的命令和功能添加到快速访问工具栏上，以便随时使用。

自定义快速访问工具栏可以通过快速访问工具栏，也可以通过功能区。

快速访问工具栏：单击【▼】按钮，在其下拉列表中选择需要添加到快速访问工具栏中的选项即可，如图 1-19 所示。添加后的效果如图 1-20 所示。

图 1-19

图 1-20

功能区：在功能区中找到想要添加至快速访问工具栏的工具图标，在相应图标上单击鼠标右键，选择其中的【添加到快速访问工具栏】命令即可，如图 1-21 所示。添加后的效果如图 1-22 所示。

图 1-21

图 1-22

如果想要从快速访问工具栏中删除已有的工具按钮，只需要用鼠标右键单击该按钮，然后选择【从快速访问工具栏中删除】命令即可，如图 1-23 所示。

图 1-23

1.2.5 标题栏

标题栏位于 AutoCAD 窗口的最上方的中间位置，标题栏左侧显示的是当前软件名称及版本，右侧显示的是当前打开的文件的名称及格式，如图 1-24 所示。

Autodesk AutoCAD 2024　Drawing1.dwg

图 1-24

1.2.6 交互信息工具栏

交互信息工具栏位于标题栏右侧，主要包括搜索框、搜索按钮、登录 Autodesk 账户、Autodesk App Store、保持连接、访问帮助六个部分，如图 1-25 所示。

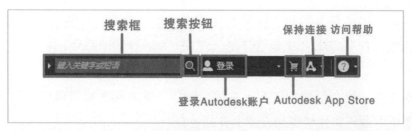

图 1-25

通过交互信息工具栏，用户可以方便地获取当前操作和命令的相关信息，从而快速了解和调整操作的参数和设置，提高工作效率和准确性。

1.2.7 菜单栏

菜单栏位于 AutoCAD 主界面上方，标题栏的下方，如图 1-26 所示。

文件(F) 编辑(E) 视图(V) 插入(I) 格式(O) 工具(T) 绘图(D) 标注(N) 修改(M) 参数(P) 窗口(W) 帮助(H) Express

图 1-26

但是在 AutoCAD 2024 中，默认状态下菜单栏是隐藏的。如果想将菜单栏显示出来，需要用鼠标左键单击【自定义快速访问工具栏】下拉按钮，在其下拉列表中选择【显示菜单栏】命令即可，如图 1-27 所示。

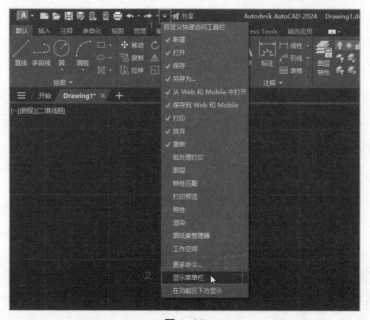

图 1-27

菜单栏由文件、编辑、视图、插入、格式、工具、绘图、标注等 13 个菜单组成。这些菜单几乎包含了 AutoCAD 的所有绘图命令，它们的主要作用如下：

◆文件：包含新建、打开、关闭、保存、输入和输出等命令。用户可以在此菜单中进行文件管理和设置文件属性。

◆编辑：包含放弃、重做、剪切、复制、粘贴、删除等命令。用户可以在此菜单中进行对象的编辑和属性的修改。

◆视图：包含重画、重生成、缩放、平移、动态观察、视口等命令。用户可以在此菜单中控制绘图界面的视图显示。

◆插入：包含插入 DWG 参照、DWF 参考底图、3D Studio、二进制图形交换、块选项板等命令。用户可以在此菜单中插入并管理外部元素。

◆格式：包含图层、图形状态管理器、图层工具、文字样式和标注样式等格式设置选项。用户可以在此菜单中设置绘图的样式和格式。

◆工具：包含工作空间、选项板、工具栏、命令行和块编辑器等工具选项。用户可以在此菜单中访问和使用各种辅助工具。

◆绘图：包含建模、直线、多段线、多边形、圆、样条曲线等命令。用户可以在此菜单中使用绘制二维图形和三维模型时所需的命令。

◆标注：包含快速标注、线性、对齐、半径、直径、基线、连续等命令。用户可以在此菜单中使用添加和编辑尺寸标注时所需的命令。

除此之外，还有修改、参数、窗口、帮助和 Express 菜单。不过对于新手用户来说，这些菜单并不常用，部分功能在后面的教学中会有相应的介绍，用户也可以自行探索。

菜单栏是 AutoCAD 的重要导航工具之一。通过菜单栏，用户可以方便地浏览和选择所需的命令，执行各种绘图和编辑操作。

1.2.8 功能区

功能区是一组位于菜单栏下方的图标工具栏，是各命令选项卡的合称，用于快速访问和执行常用的命令和功能。功能区中包含默认、插入、注释、参数化、视图、管理、输出、附加模块、协作等多个选项卡，如图 1-28 所示。

图 1-28

在功能区中，每个选项卡下包含许多功能面板，每个功能面板中又包含许多功能命令及按钮，具体介绍如下：

◆默认：包含绘图、修改、注释、图层、块、特性等选项组，以及直线、圆、移动、复制、文字、标注等常用的绘图命令。

◆插入：包含块、块定义、参照、输入等选项组，以及插入、编辑属性、创建块、定义属性、块编辑器等相关命令。

◆注释：包含文字、标注、中心线、引线、表格等选项组，以及多行文字、标注、圆心标记、表格等相关命令。

◆视图：包含视口工具、命名视图、模型视口等选项组，以及 UCS 图标、导航栏、视口配置、工具选项板等视图命令。

除此之外，还有管理、输出、附加模块、协作、Express Tools、精选应用等面板，但这些功能对于新手用户来说并不常用，用户可以在以后的绘图过程中自行探索。

通常来说，用户在打开 AutoCAD 软件时，功能区会呈显示状态。但如果功能区没有显示出来，用户可以通过菜单栏或命令行来让其显示。

菜单栏：在菜单栏中，单击【工具】菜单，在其下拉列表中选择【选项板】命令，并在其子列表中选择【功能区】命令，如图 1-29 所示。

图 1-29

命令行：在命令行中输入"RIBBON"命令，然后按下【Enter】键即可，如图 1–30 所示。

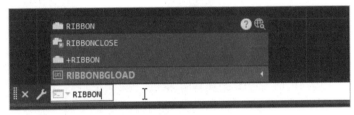

图 1–30

1.2.9 文件选项卡

文件选项卡位于功能区下方、绘图区上方，每个打开的图形文件都会在此区域显示一个对应的选项卡，如图 1–31 所示。

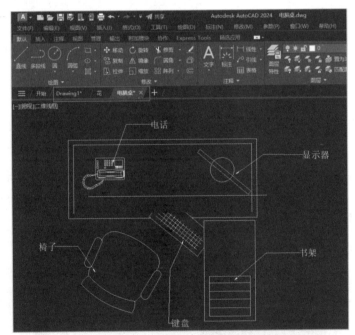

图 1–31

文件选项卡上显示着对应图形文件的名字，如果将鼠标指针放置在一个文件选项卡上时，文件选项卡将会弹出对应的图形文件的预览图像及布局，便于用户预览对应的图形文件，如图 1–32 所示。

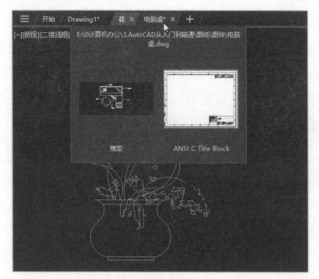

图 1-32

如果想要在多个图形文件中切换至相应的图形文件窗口，只需单击文件选项卡即可。

1.2.10　绘图区

绘图区又称绘图窗口，是主界面面积最大的区域，也是 AutoCAD 中最主要的部分。绘图区是用于创建、编辑和显示绘图内容的主要工作区域。绘图区提供了一个空白的画布，用于绘制和编辑各种图形对象、标注和注释等。

在默认状态下，绘图区中显示了四个工具，分别是视口控件、ViewCube、坐标系图标及导航栏，如图 1-33 所示。这四个工具的功能介绍如下：

图 1-33

◆视口控件：分为视口控件、视图控件及视觉样式控件三部分。其中，视口控件用于控制和调整绘图区中的视口。视图控件用于快速切换和设置绘图区中的视图。视觉样式控件用于设置绘图区中的图形显示样式。

◆ViewCube：是一个可交互的立方体图标和三维导航工具，用于快速切换视图方向和视角。用户可以通过点击 ViewCube 来改变视图的角度和方向。

◆坐标系图标：用于显示和控制当前坐标系的方向和单位。用户可以通过鼠标右击坐标系图标来切换坐标系的显示方式，以及调整坐标系的方向和单位。

◆导航栏：其提供了一些常用的导航和视图操作命令。通过导航栏，用户可以快速切换视图、平移、缩放和动态观察等命令。

1.2.11 命令行与文本窗口

（1）命令行

命令行位于绘图区下方，是用于输入各种命令，以执行相应的操作的文本框，如图 1-34 所示。

图 1-34

许多新手用户在绘制图形时喜欢通过菜单、工具栏或快捷键来调用命令。实际上直接在命令行中输入命令可以省去反复点击的操作，使绘图更为高效，命令行还会显示命令的提示信息和提示用户下一步的操作。

在输入命令后，命令行上方会出现一个新的窗口——命令历史窗口，它记录着用户输入过的全部命令及提示信息，并且该窗口右侧有滚动条，用户可以通过它查看输入过的命令，如图 1-35 所示。

```
指定另一个角点或 [面积(A)/尺寸(D)/旋转(R)]:
命令:
** 拉伸 **
指定拉伸点或 [基点(B)/复制(C)/放弃(U)/退出(X)]:*取消*
命令:
命令: fillet
当前设置: 模式 = 修剪, 半径 = 0.0000
选择第一个对象或 [放弃(U)/多段线(P)/半径(R)/修剪(T)/多个(M)]:
选择第二个对象,或按住 Shift 键选择对象以应用角点或 [半径(R)]:
命令:
命令:
命令: fillet
当前设置: 模式 = 修剪, 半径 = 0.0000
选择第一个对象或 [放弃(U)/多段线(P)/半径(R)/修剪(T)/多个(M)]:
选择第二个对象,或按住 Shift 键选择对象以应用角点或 [半径(R)]:
命令:
命令:
```

图 1-35

（2）文本窗口

文本窗口是一个可调整大小的窗口，同样可以用于输入命令以及记录和显示输入过的命令，如图 1-36 所示。默认情况下，文本窗口不直接显示在界面中，用户需要手动调取。调用文本窗口可以通过菜单栏、组合键或命令行来实现。

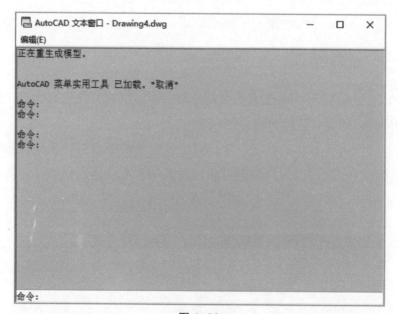

图 1-36

菜单栏：在菜单栏中，单击【视图】菜单，在其下拉列表中单击【显示】命令，在其子列表中选择【文本窗口】命令，如图 1-37 所示。

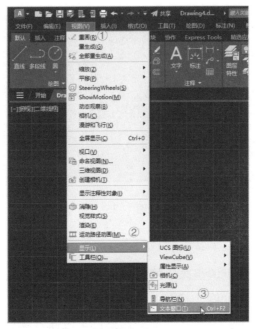

图 1-37

组合键：按【Ctrl+F2】组合键快速调取文本窗口。

命令行：在命令行中输入"TEXTSCR"命令，然后按【Enter】键即可。

1.2.12 状态栏

状态栏位于屏幕的底部，主要用于显示 AutoCAD 当前的状态，如十字光标的坐标、捕捉、注释等命令的状态。

状态栏内有许多功能按钮，用户可以通过单击部分按钮实现对应功能的开启或关闭，也可以用来控制图形或绘图区的状态。状态栏中按钮的名称如图 1-38 所示。

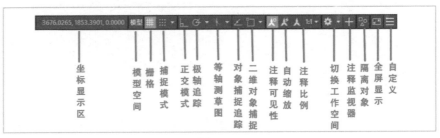

图 1-38

1.3 AutoCAD的文件管理

在 AutoCAD 中，图形文件管理一般包括创建新文件、打开图形文件及保存图形文件等。下面分别介绍各种图形文件的管理操作。

1.3.1 新建图形文件

新建图形文件的方法有多种，可以通过菜单栏，也可以通过应用程序按钮，还可以通过快速访问工具栏或组合键。

菜单栏：在菜单栏中，单击【文件】菜单，在其下拉列表中选择【新建】命令，如图 1-39 所示。

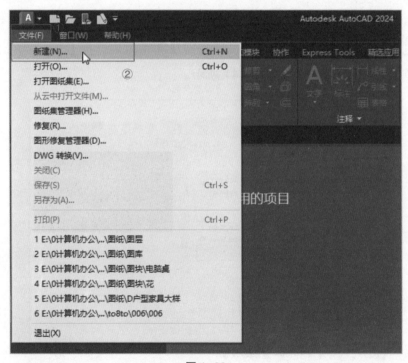

图 1-39

应用程序按钮：单击【A】按钮，在其下拉列表中选择【新建】命令，如图 1-40 所示。

图 1-40

也可以单击快速访问工具栏中的【▣】按钮或直接按【Ctrl+N】组合键来新建图形文件。

不论选择上述哪种新建方法，都会弹出【选择样板】对话框，用户在【名称】列表框下选择一种样板格式，通常建议新手用户选择【acadiso】文件，然后单击【打开】按钮，如图 1-41 所示。

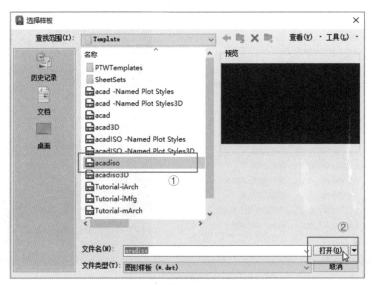

图 1-41

AutoCAD 会以所选的样板格式创建空白的图形文件，如图 1-42 所示。

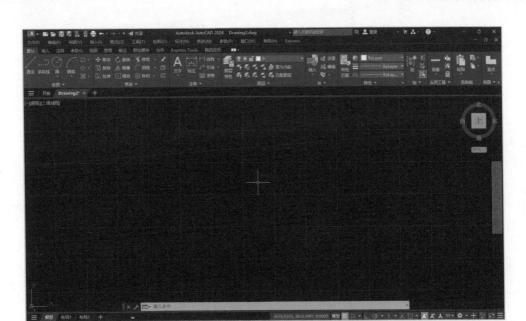

图 1-42

1.3.2 打开图形文件

打开图形文件的方法和新建图形文件的方法基本相同。

菜单栏：在菜单栏中，单击【文件】菜单，在其下拉列表中选择【打开】命令，如图 1-43 所示。

图 1-43

应用程序按钮：单击【 A 】按钮，在其下拉列表中选择【打开】命令，在其子列表中选择【图形】命令，如图 1-44 所示。

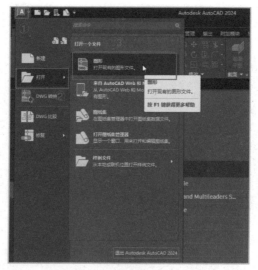

图 1-44

也可以单击快速访问工具栏中的【■】按钮或直接按【Ctrl+O】组合键来打开图形文件。

不论选择上述哪种打开方法，都会弹出【选择文件】对话框，用户在【名称】列表框下选择要打开的图形文件，然后单击【打开】按钮即可，如图1-45 所示。

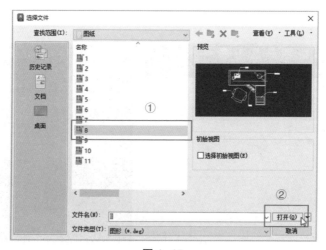

图 1-45

打开后的图形文件如图 1-46 所示。

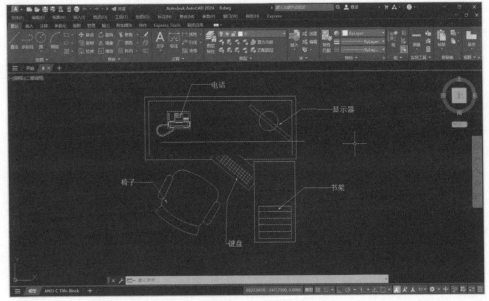

图 1-46

　　如果用户当前已经打开了一个画图文件，此时若想再新建或打开一个画图文件，可以在命令行中输入"NEW""QNEW（新建）"或"OPEN（打开）"命令，然后按【Enter】键再进行对应的操作即可。

1.3.3　保存图形文件

（1）保存

　　保存图形文件，可以通过菜单栏、应用程序按钮、快速访问工具栏或组合键等方法来实现，也可以在命令行输入相应的命令来实现。

　　菜单栏：在菜单栏中，单击【文件】菜单，在其下拉列表中选择【保存】命令，如图 1-47 所示。

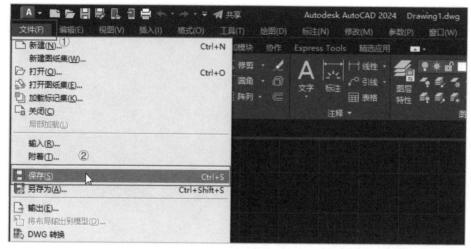

图 1-47

应用程序按钮：单击【▲】按钮，在其下拉列表中选择【保存】命令，如图 1-48 所示。

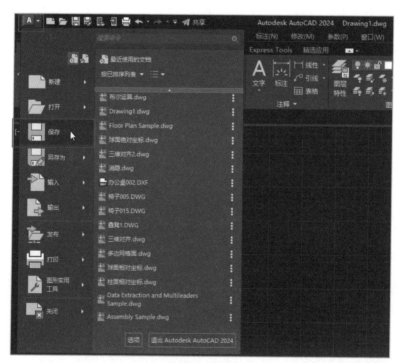

图 1-48

也可以单击快速访问工具栏中的【圖】按钮，或者直接按下【Ctrl+S】组合键来保存图形文件。

此外，还可以在命令行中输入"SAVE"或"QSAVE"命令，然后按【Enter】键来完成图形文件的保存。

不论选择上述哪种保存方法，在图形第一次被保存时会弹出【图形另存为】对话框，用户需要设置保存路径、文件名以及文件类型，然后单击【保存】按钮即可，如图 1-49 所示。

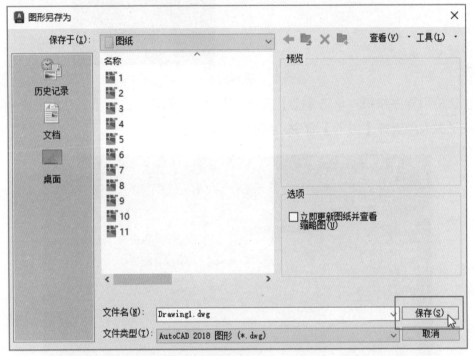

图 1-49

如果当前图形文件已经被保存过，那么用户在执行保存操作后，AutoCAD 不会弹出【图形另存为】对话框，而是直接对原图形文件进行覆盖。

（2）另存为

如果用户需要将图形文件以新名称或新位置进行保存，可以进行另存为。另存为主要通过菜单栏和应用程序按钮来实现。

菜单栏：在菜单栏中，单击【文件】菜单，在其下拉列表中选择【另存为】命令，如图 1-50 所示。

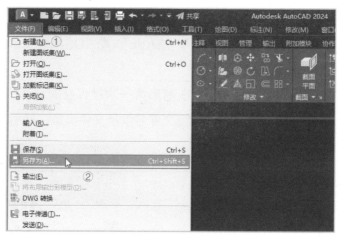

图 1-50

应用程序按钮：单击【】按钮，在其下拉列表中选择【另存为】命令，在子列表中选择【图形】命令，如图 1-51 所示。

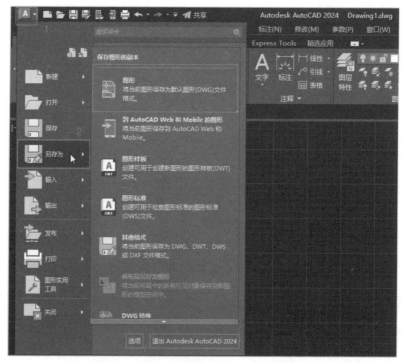

图 1-51

不论选择哪种另存为方法，系统都会弹出【图形另存为】对话框，用户

根据需要设置保存路径、文件名以及文件类型，然后单击【保存】按钮即可，
如图 1-52 所示。

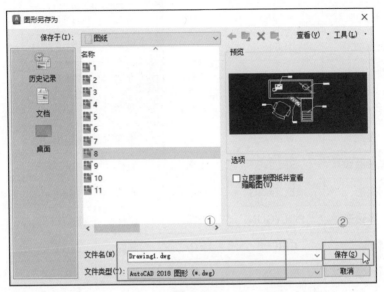

图 1-52

1.4　AutoCAD中的命令

在 AutoCAD 2024 中，命令是用于执行特定操作或功能的指令。用户可以
通过输入命令来绘制、编辑图形，添加、修改标注等操作。正确地输入命令可
以提升用户绘制图形的工作效率。

1.4.1　AutoCAD中常用的命令

对于学习 AutoCAD 的新手用户来说，掌握常用命令是学习绘图技能的
基础。AutoCAD 中有大量的命令，但并不是每个命令都需要掌握。用户应该
从基本、常用的命令开始学起，从而熟练地应用到绘图和设计工作中。

下面是一些常用的二维图形命令及缩写，如表 1-1 所示。

表 1-1

操作名称	命令全名	命令缩写	操作名称	命令全名	命令缩写
绘制点	POINT	PO	旋转	ROTATE	RO
绘制直线	LINE	L	拉伸	STRETCH	S
绘制射线	XKUBE	XL	缩放	SCALE	SC
绘制多段线	PLINE	PL	复制	COPY	CO/CP
绘制多线	MLINE	ML	镜像	MIRROR	MI
绘制样条曲线	SPLINE	SPL	偏移	OFFSET	O
绘制矩形	RECTANG	REC	修剪	TRIM	TR
绘制正多边形	POLYGON	POL	延伸	EXTEND	EX
绘制圆	CIRCLE	C	删除	DELETE	DE
绘制椭圆	ELLIPSE	EL	打断	BREAK	BR
绘制圆弧	ARC	A	合并	JOIN	J
绘制圆环	DOUNT	DO	分解	EXPLODE	X
输入单行文字	TEXT	T	对齐	ALIGN	AL
输入多行文字	MTEXT	MT/T	倒角	CHAMFER	CHA
修改文本	DDEDIT	ED	圆角	FILLET	F

1.4.2 执行命令的方式

在 AutoCAD 2024 中，执行同一个命令的方式有很多种，用户可以根据个人的偏好和习惯，以及具体的绘图任务来决定使用哪种方式。下面将以执行绘制直线为例，介绍 AutoCAD 中常见的几种执行命令的方式。

（1）命令行

在命令行中直接输入命令的名称，然后按下【Enter】键执行命令，这是最常用也是最方便的执行命令的方法。

例如，在命令行输入绘制直线的命令"LINE"并按【Enter】键，如图

1-53 所示。

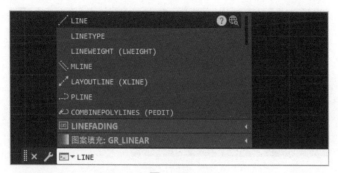

图 1-53

命令行提示如下：

> 命令： LINE
>
> LINE 指定第一个点：// 在绘图区中指定直线的端点或输入一个坐标
>
> LINE 指定下一点或 [放弃 (U)]: // 指定直线的另一个端点

命令行中显示的内容，不带括号的为默认选项，通常为执行命令的提示信息，例如要求用户选择点、输入数值等。因此在直线命令中，用户只需按照提示在绘图区中选择一点或输入直线的端点坐标。

如果要选择非默认选项，则应该在命令行中输入该选项的标识字符，如【放弃】选项的标识字符为 "U"。也可直接用鼠标左键单击该选项，然后按系统提示输入相应数据即可。有时，命令选项的后面会出现带有尖括号的数值，其为默认数值。

实用贴士

在命令行中输入命令必须使用英文输入，并且命令内容不区分大小写。例如在执行直线命令时，输入 "LINE" "Line" "line"，AutoCAD 都会正确识别。

（2）功能区

新手用户通常不知道命令的英文全名或缩写，因此会选择在菜单栏中选择命令，如选择【绘图】菜单下拉列表中的【直线】命令，如图 1-54 所示。

选择该命令后，命令行中会出现命令相应的提示信息。

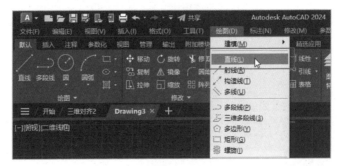

图 1-54

（3）菜单栏

位于 AutoCAD 窗口的顶部的菜单栏中包含各类菜单和子菜单，用户可以在菜单栏中点击相应分类的菜单并在其子菜单中选择并执行命令，如图 1-55 所示。选择该命令后，命令行中会出现命令相应的提示信息。

图 1-55

1.4.3 撤销、重做与重复命令

（1）撤销命令

要撤销先前执行的命令，可以在命令行中输入 "UNDO" 或 "U" 并按【Enter】键，如图 1-56 所示。

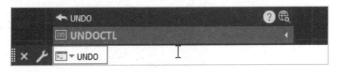

图 1-56

也可以单击菜单栏中的【编辑】菜单，在其下拉列表中选择【放弃】命令，如图 1-57 所示。

图 1-57

还可以单击快速访问工具栏中的【　】按钮，或直接按【Ctrl+Z】组合键来执行撤销命令。

（2）重做命令

要恢复重做先前撤销过的命令，可以在命令行中输入"REDO"或"R"并按【Enter】键，如图 1-58 所示。

图 1-58

也可以单击菜单栏中的【编辑】菜单，在其下拉列表中选择【重做】命令，如图 1-59 所示。

图 1-59

还可以单击快速访问工具栏中的【➡】按钮，或直接按下【Ctrl+Y】组合键来恢复之前撤销过的命令。

（3）重复命令

如果用户要重复使用刚刚使用过的命令，不必再次输入或选择该命令，只需在绘图区单击鼠标右键，在弹出的快捷菜单中选择第一项【重复×××】即可，如图 1-60 所示。另外，直接按下【Enter】键，AutoCAD 也会重复执行刚刚用过的命令。

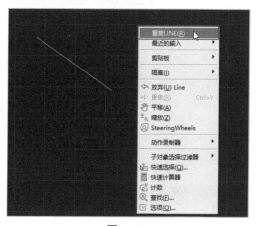

图 1-60

需要注意的是，这种方式只能重复使用上次使用的命令，而无法选择其他命令。

1.5 坐标系与图层

在 AutoCAD 中，坐标系和图层是非常重要的概念，它们对绘图起到了关键的作用。坐标系可以精确地控制图形的位置、大小和角度等参数。图层用于组织和管理绘图中的图形对象。下面将介绍坐标系和图层的基础知识。

1.5.1 认识坐标系

坐标系，又称为坐标系统，是用来描述和定位空间中点位置的一种方式。

它是由一个或多个坐标轴组成的，每个坐标轴上的点表示该轴上的数值。常见的二维坐标系由两条互相垂直的直线轴组成，分别称为 X 轴和 Y 轴，通过这两个轴上的数值可以确定平面上的点的位置。

笛卡儿坐标系，又称为叫直角坐标系，是 AutoCAD 中默认的坐标系。笛卡儿坐标系由一个原点 (0,0)、水平的 X 轴和垂直的 Y 轴组成，形成一个平面，如图 1-61 所示。在笛卡儿坐标系中，通过在 X 轴和 Y 轴上的数值组合 (X,Y)，可以准确地表示平面上任何一点的位置，例如，某点的直角坐标为 (3,5)。

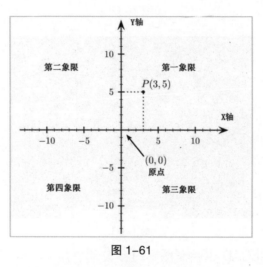

图 1-61

用户在使用中文输入法输入坐标时，全角状态下的逗号"，"无法被 AutoCAD 识别，因此很多用户常常遇到坐标输入失败的情况，此时只需要将输入法切换为英文半角状态即可。

（1）世界坐标系（WCS）

世界坐标系与笛卡儿坐标系的原点和方向相对应。在绘图过程中，对象的位置和方向是相对于世界坐标系来确定。

启动 AutoCAD 后，绘图区左下角会显示一个仅包含 X 轴与 Y 轴的二维坐标系，即世界坐标系（WCS），同时，绘图区右上角的 ViewCube 下也会显示"WCS"字样，如图 1-62 所示。三维世界坐标系如图 1-63 所示。

图 1–62

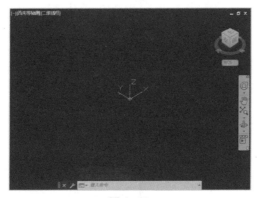

图 1–63

通常，在 AutoCAD 中绘制图形时会自动使用 WCS。虽然 WCS 不可更改，但能够任意旋转。

（2）用户坐标系（UCS）

用户坐标系（UCS）是用户自定义的坐标系，AutoCAD 允许用户在绘图过程中，根据自己的需求定义新的坐标系。

用户可以在世界坐标系中任意选择用户坐标系的原点，并且一旦 UCS 的原点被确定，用户可以通过旋转、倾斜或缩放 UCS 的轴来调整它相对于 WCS 的方向和位置。用户还可执行 UCS 命令，对 UCS 进行定义、保存、恢复和移动等一系列操作。

创建 UCS 的操作步骤如下：

1 在命令行中输入"UCS"命令并按【Enter】键，如图1-64所示。

图 1-64

2 根据系统提示，在绘图区中指定UCS的原点，然后单击鼠标左键即可，如图1-65所示。

图 1-65

3 根据系统提示，指定UCS的X轴上的点，如图1-66所示。

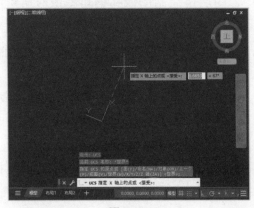

图 1-66

4 UCS已经创建完成，如图1-67所示。

图 1-67

通过定义和调整 UCS，用户可以更方便地在 AutoCAD 中绘制和编辑图形，尤其是在处理复杂的几何图形时。UCS 的灵活性使得用户可以根据具体的设计需求来确定坐标系的方向和位置，从而提高绘图效率和精度。

1.5.2 图层

在 AutoCAD 中，图层是绘制图像和编辑图像时常用的工具，可以用来组织和管理绘图元素。图层类似于一层层的透明薄膜，文字或图形等绘图元素分别印在不同的图层上，它们堆叠起来形成了最终的图形效果。

（1）创建图层

创建图层的操作步骤如下：

1 单击菜单栏中的【格式】菜单，在其下拉列表中选择【图层】命令，如图1-68所示。或者在命令行中输入"LAYER"命令并按【Enter】键，如图1-69所示。

图 1-68

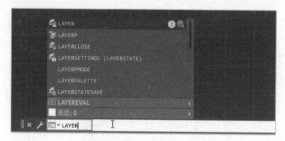

图 1-69

2 弹出【图层特性管理器】对话框，单击对话框上方的【新建图层】按钮，
如图1-70所示。

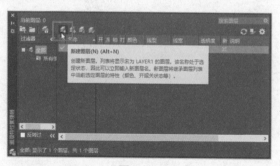

图 1-70

3 【图层特性管理器】对话框中出现了一个名为【图层1】的图层，用户
可以在【名称】文本框中对其进行重命名，如图1-71所示。

图 1-71

（2）控制图层状态

在绘制图形时，可能会遇到简化视图、凸显某些图形、隐藏不需要的图形等情况，这时，可以通过控制图层的状态使图层隐藏或显示。这一功能可以帮助用户在绘图过程中更好地管理和控制绘图元素的可见性。

控制图层状态的操作步骤如下：

1. 在菜单栏中，依次单击【格式】→【图层】命令，或者在命令行中输入 "LAYER" 命令，然后按下【Enter】键。

2. 弹出【图层特性管理器】对话框，选中需要隐藏的图层，然后单击图层名称右侧的【💡】按钮，如图1-72所示。

图 1-72

3. 弹出【当前图层将被关闭。希望执行什么操作？】对话框，选择【关闭当前图层】命令，如图1-73所示。

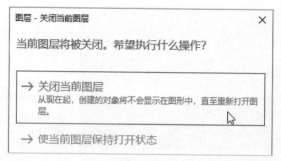

图 1-73

4 此时，所选图层右侧的【　　】按钮变暗，说明图层已被隐藏，如图
1-74所示。

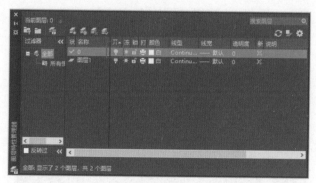

图 1-74

5 如果想要将隐藏的图层显示出来，只需重复上述操作即可。

（3）更改图层颜色

在 AutoCAD 2024 中，默认的绘图区颜色为黑色，绘制图形的线条颜色
为白色，有时候为了区别位于不同图层的图形，用户需要更改线条颜色。此
时用户可以通过更改图层颜色来实现这一点。

更改图层颜色的操作步骤如下：

1 按上述操作打开【图层特性管理器】对话框，选中需要更改颜色的图层，
单击图层对应的【颜色】列中的【颜色】按钮，如图1-75所示。

2 弹出【选择颜色】对话框，在【索引颜色】选项卡下的【AutoCAD颜
色索引】选项组中选择一种颜色，然后单击【确定】按钮，如图1-76
所示。

图 1-75   图 1-76

3 该图层中的图形颜色已变为所选颜色，如图1-77所示。

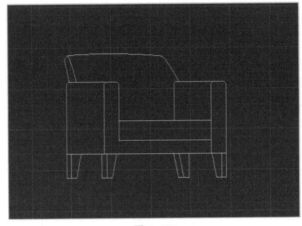

图 1-77

Chapter

02

第 2 章

绘制二维图形

导读 ▶

二维图形是指仅具有长度和宽度两个维度的图形，也就是平面图形。掌握二维平面图形的基本绘制方法是使用AutoCAD进行绘图的基础。只有熟练掌握了这些基本方法，才能更好地绘制出复杂的图纸。通过学习本章，用户可以快速掌握如何在AutoCAD中绘制二维图形。

学习要点：★学会绘制点和直线类二维图形

★学会绘制二维多边形

★学会绘制二维圆与弧

2.1 绘制点

在几何学中，点是没有大小和形状的基本几何图形。在 AutoCAD 中，点也是一种基本的图形元素，通常用于表示一个位置。在 AutoCAD 中，绘制点的方法有四种，下面将分别进行介绍。

2.1.1 单点和多点

（1）单点

绘制单点的操作步骤如下：

在命令行中输入"POINT"命令，然后按【Enter】键，命令行提示如下：

命令：POINT

POINT 指定点：// 输入一点的坐标，或者直接在绘图区中指定点的位置

（2）多点

绘制单多点的操作步骤如下：

1️⃣ 在菜单栏中单击【绘图】菜单，在其下拉列表中选择【点】命令，在其子列表中选择【多点】命令，如图2-1所示。

图 2-1

2️⃣ 在绘图区进行点击，即可绘制多个点，如图2-2所示。

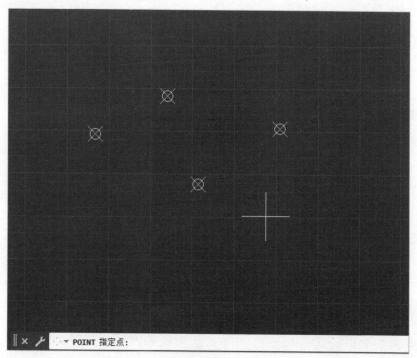

图 2-2

实用贴士

　　在 AutoCAD 中，点虽然也是一种图形，但通常绘制出的点并不明显，并且在调整视图大小时，点的大小不会发生变化，不过用户可以调整点的样式使其变得明显。只需在菜单栏中单击【样式】菜单，在其下拉列表中选择【点样式】命令，在弹出的【点样式】对话框中有多种点的样式可以选择。

2.1.2 定数等分

　　定数等分是指按数量将一个线段或圆弧分成若干等份。进行定数等分的操作步骤如下：

1　打开需要进行定数等分操作的图形，单击【绘图】菜单，在其下拉列表中选择【点】选项，在其子列表中选择【定数等分】命令，如图2-3所示。

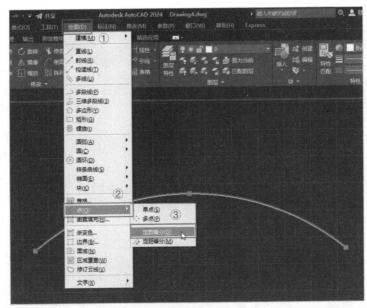

图 2-3

2 点击需要进行定数等分的图形，然后输入等分的段数，如"4"，并按【Enter】键，如图2-4所示。

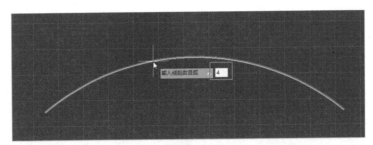

图 2-4

3 再次选中图形，可以看到该圆弧已经被平均分为4段，如图2-5所示。

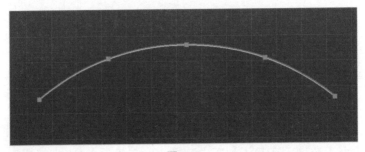

图 2-5

2.1.3 定距等分

定距等分是指按一个固定的距离将一个线段或弧线分成若干等份。进行
定距等分的操作步骤如下：

1. 打开需要进行定数等分操作的图形，单击【绘图】菜单，在其下拉列
表中选择【点】选项，在其子列表中选择【定距等分】命令，如图2-6
所示。

图 2-6

2. 点击需要进行定距等分的图形，然后输入指定的距离并按【Enter】键，
如图2-7所示。

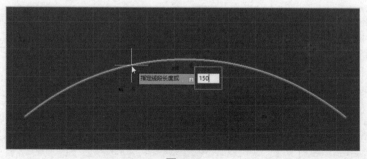

图 2-7

3 再次选中图形，可以看到该圆弧已经按指定的距离被等分为若干段，如图2-8所示。

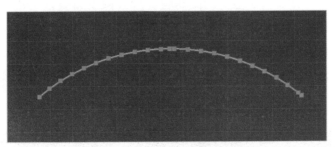

图 2-8

2.2 绘制直线类图形

在 AutoCAD 中，直线类图形是指由直线段组成的图形。直线类图形包括直线、射线、构造线、多线等。直线类图形命令可以用于绘制几何图形、建筑平面图、工程图纸等各种应用。下面将分别介绍这些图形的画法。

2.2.1 直线

绘制直线的操作步骤如下：

1 在功能区中，单击【直线】按钮，如图2-9所示。或者在命令行中输入"LINE"命令并按【Enter】键。

图 2-9

2 命令行提示如下：

> 命令：LINE
>
> LINE 指定第一个点：//输入坐标值或者单击鼠标左键指定一点，如图
> 2-10 所示
>
> LINE 指定下一点或 [放弃 (U)]：//指定下一点，如图 2-11 所示
>
> LINE 指定下一点或 [放弃 (U)]：//单击【放弃 (U)】选项或按下【Esc】
> 键完成编辑，如图 2-12 所示

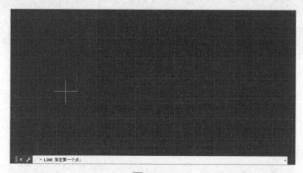

图 2-10

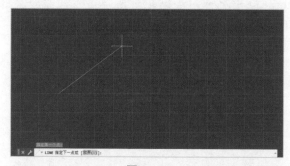

图 2-11

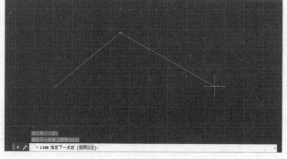

图 2-12

3 直线绘制完成，如图2-13所示。

图 2-13

实用贴士

  直线（LINE）命令是 AutoCAD 中最简单的二维绘图命令之一，许多新手用户喜欢用此命令绘制矩形、三角形等多边形，其实，AutoCAD 中有专门绘制矩形及多边形的命令。并且在实际绘图过程中，直线往往是用来辅助绘制的。

2.2.2 构造线

  构造线是一种从指定点向两个方向无限延伸的线。构造线主要用于绘制辅助线，如确定平行线、垂直线、中垂线等。

  构造线与普通直线的区别在于，构造线不会被视为图形的一部分，它只是用来辅助绘图的参考线。构造线可以在绘图过程中随时添加、修改和删除，而不会对最终的绘图结果产生影响。

  绘制构造线的操作步骤如下：

1 在功能区中，单击【绘图】下拉按钮，如图2-14所示，在其下拉列表中单击【构造线】按钮，如图2-15所示。或者在命令行中输入"XLINE"命令并按【Enter】键。

图 2-14

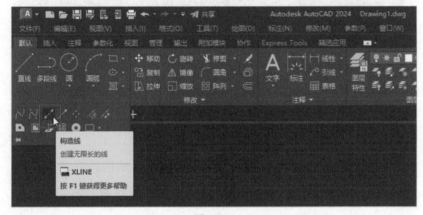

图 2-15

2 命令行提示如下：

命令：XLINE
XLINE 指定点或 [水平 (H) 垂直 (V) 角度 (A) 二等分 (B) 偏移 (O)]：// 在绘图区中指定一个构造线要经过的点，如图 2-16 所示

图 2-16

3 构造线绘制完成，如图2-17所示。

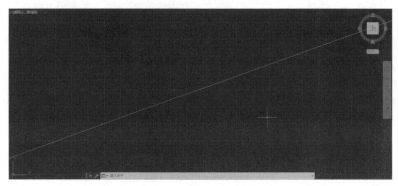

图 2-17

命令中各选项说明如下：

◆水平（H）：绘制通过指定点的水平构造线，即平行于 X 轴的构造线。

◆垂直（V）：绘制通过指定点且垂直的构造线，即平行于 Y 轴的构造线。

◆角度（A）：绘制与 X 轴呈指定角度的构造线。

◆二等分（B）：绘制通过指定角的顶点且平分该角的构造线。

◆偏移（O）：绘制以指定距离平行于指定直线对象的构造线。

2.2.3 多线

多线由多条平行线段组成，主要用于绘制具有固定宽度和比例的平行线集合，例如道路、管道、电线等。

绘制多线的操作步骤如下：

1 在菜单栏中，单击【绘图】菜单，在其下拉列表中选择【多线】命令，如图2-18所示。或者在命令行中输入"MLINE"命令并按【Enter】键。

图 2-18

2 命令行提示如下：

命令：MLINE

MLINE 指定起点或 [对正 (J) 比例 (S) 样式 (ST)]: // 指定多线的起点，

如图 2-19 所示

MLINE 指定下一点或 [放弃 (U)]: // 指定一点，如图 2-20 所示

MLINE 指定下一点或 [闭合 (C) 放弃 (U)]: 指定一点，如图 2-21 所示

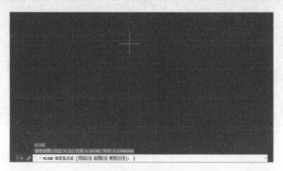

图 2-19

图 2-20

图 2-21

MLINE 指定下一点或 [闭合 (C) 放弃 (U)]: // 指定最后一点，单击【 闭合 (C) 】选项，然后按下【Enter】键完成编辑，如图 2-22 所示

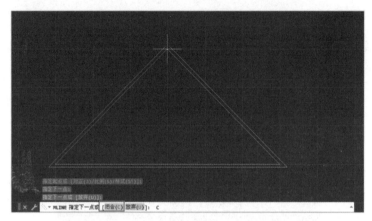

图 2-22

③ 【闭合(C)】选项会使下一段多线与起点相连，绘制结果如图2-23所示。

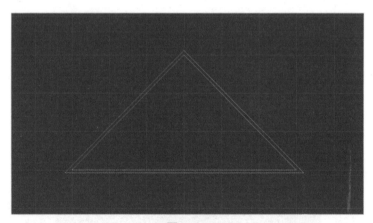

图 2-23

如果绘制了任意一段线后选择【 放弃 (U)】选项，AutoCAD 将擦除用户最后所画的一条线段，接着会提示用户继续指定下一点，这与 LINE 命令相同。

命令中各选项说明如下：

◆对正（J）：确定多线的元素与指定点之间的对齐方式。

◆比例（S）：设置组成多线的两条平行线之间的距离。

◆样式（ST）：此选项用于在多线样式库中选择当前多线的样式。

2.2.4 样条曲线

样条曲线是一种光滑的曲线，它可以通过一系列的控制点来定义或修改，因此，样条曲线具有可调整的曲率和平滑度，可以通过调整控制点来修改曲线的形状，如图2-24所示。

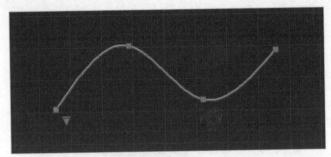

图 2-24

绘制样条曲线的操作步骤如下：

1 在功能区中，单击【绘图】下拉按钮，在其下拉列表中单击【样条曲线拟合】按钮，如图2-25所示。或者在命令行中输入"SPLINE"命令并按【Enter】键。

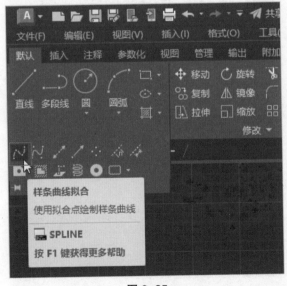

图 2-25

2　命令行提示如下：

命令：SPLINE

SPLINE 指定第一个点或 [方式 (M) 节点 (K) 对象 (O)]：//指定样条曲线的起点，如图 2-26 所示

SPLINE 输入下一个点或 [端点相切 (T) 公差 (L) 放弃 (U)]：//指定下一点，如图 2-27 所示

SPLINE 输入下一个点或 [端点相切 (T) 公差 (L) 放弃 (U)]：//指定下一点，如图 2-28 所示

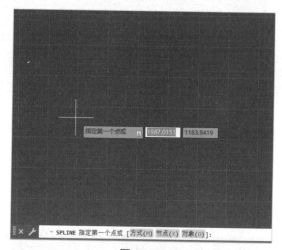

图 2-26

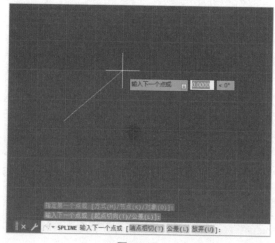

图 2-27

SPLINE 输入下一个点或 [端点相切 (T) 公差 (L) 放弃 (U) 闭合 (C)]: // 指
定下一点并按【Enter】键，如图 2-29 所示

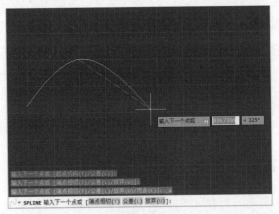

图 2-28

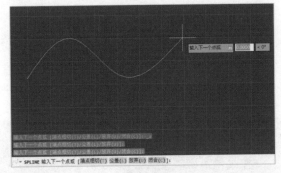

图 2-29

3 样条曲线绘制完成，如图2-30所示。

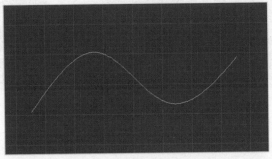

图 2-30

2.3 绘制矩形与多边形

在 AutoCAD 中，矩形和多边形都是由直线段所组成的图形。矩形与多边形命令可以用于创建不同类型和大小的多边形，如三角形、正方形、五边形等。这些多边形可以用于绘制几何图形、建筑设计、机械零件等。下面将分别介绍这些图形的画法。

2.3.1 绘制矩形

矩形是一种基本的几何图形，它是由四条相互垂直的直线段组成的四边形。矩形命令经常被用来绘制矩形区域或对象，如建筑物、房间、家具、窗户等。

绘制矩形的操作步骤如下：

1️⃣ 在功能区中，单击【矩形】按钮，如图2-31所示。或者在命令行中输入 "RECTANG" 命令并按【Enter】键。

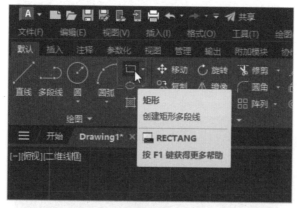

图 2-31

2️⃣ 命令行提示如下：

命令：RECTANG
RECTANG 指定第一个角点或 [倒角 (C) 标高 (E) 圆角 (F) 厚度 (T) 宽度 (W)]： // 指定第一个角点，如图 2-32 所示

RECTANG 指定另一个角点或 [面积 (A) 尺寸 (D) 旋转 (R)]：//指定另一个角点，如图 2-33 所示

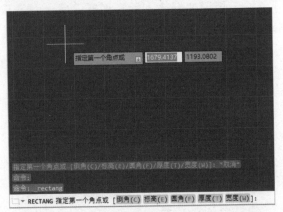

图 2-32

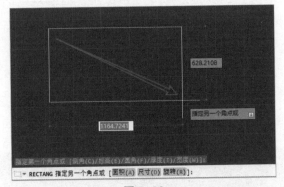

图 2-33

3　矩形绘制完成，如图2-34所示。

图 2-34

命令中各选项说明如下：

◆ 倒角（C）：设置矩形的倒角距离，用于绘制倒角矩形。

◆ 标高（E）：指定矩形的标高，即矩形在Z轴上的高度，必须在三维视图中才能看到效果。

◆ 圆角（F）：指定矩形的圆角半径。

◆ 厚度（T）：指定矩形的厚度，类似构造一个立方体，必须在三维视图中才能看到效果。

◆ 宽度（W）：为要绘制的矩形指定多段线的宽度。

2.3.2 绘制正多边形

正多边形是一种具有相等边长和相等内角的多边形，包括等边三角形、正方形、正五边形等。正多边形命令经常被用于绘制规则的多边形结构，如建筑物的平面图中的柱子、多边形家具等。

绘制正多边形的操作步骤如下：

1️⃣ 在功能区中，单击【矩形】下拉按钮，在其下拉列表中单击【多边形】按钮，如图2-35所示。或者在命令行中输入 "POLYGON" 命令并按【Enter】键。

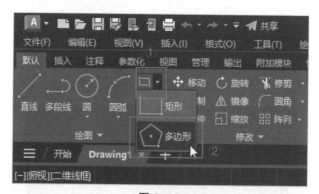

图 2-35

2️⃣ 命令行提示如下：

命令：POLYGON

POLYGON 输入侧面数 <4>: // 输入要绘制的多边形的边数，如图2-36所示

POLYGON 指定正多边形的中心点或 [边 (E)]: // 在绘图区指定一点

POLYGON 输入选项 [内接于圆 (I) 外切于圆 (C)]<l>: // 选择图形样式，如图 2-37 所示

POLYGON 指定圆的半径: // 输入或选定圆的半径，如图 2-38 所示

3 多边形绘制完成，如图2-39所示。

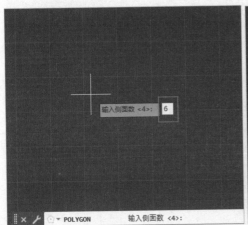

图 2-36

图 2-37

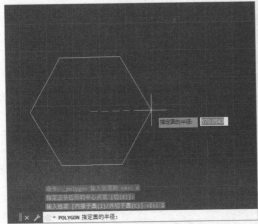

图 2-38

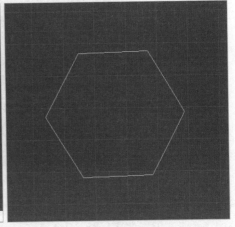

图 2-39

实用贴士

在执行 POLYGON 命令时，AutoCAD 会默认多边形的每一条边都是等长的，也就是正多边形，并且 AutoCAD 是以指定圆心和半径的方式画多边形，多边形的边数最小为 3，最大为 1024。

2.4 绘制圆与弧

在 AutoCAD 中，圆和弧是用于绘制曲线形状的基本工具。用户可以通过绘制圆和弧创建各种曲线形状，用于建筑设计、机械零件绘制、道路设计等领域。下面将介绍这些图形的绘制方法。

2.4.1 绘制圆形

圆形是一种基本的几何图形，具有相等的半径和相等的弧长。圆形命令经常被用于绘制圆形物体，如孔洞、轴、圆桌等。

绘制圆形的操作步骤如下：

1️⃣ 在功能区中，单击【圆】按钮，如图2-40所示。或者在命令行中输入"CIRCLE"命令并按【Enter】键。

图 2-40

2️⃣ 命令行提示如下：

命令：CIRCLE
CIRCLE 指定圆的圆心或 [三点 (3P) 两点 (2P) 切点、切点、半径 (T)]: // 指定圆的圆心，如图 2-41 所示
CIRCLE 指定圆的半径或 [直径 (D)]: // 指定圆的半径，如图 2-42 所示

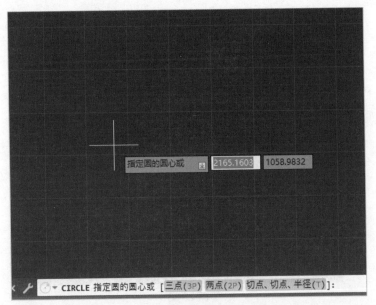

图 2-41

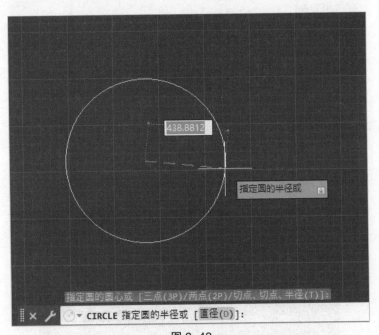

图 2-42

3 圆形绘制完成，如图2-43所示。

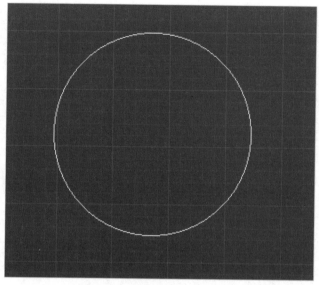

图 2-43

绘制圆弧

圆弧是一个弧线段，通常是圆的一部分。圆弧命令经常被用于绘制弯曲的路径、圆弧形状的构件、拱桥桥面等。

绘制圆弧的操作步骤如下：

1 在功能区中，单击【圆弧】按钮，如图2-44所示。或者在命令行中输入 "ARC"命令并按【Enter】键。

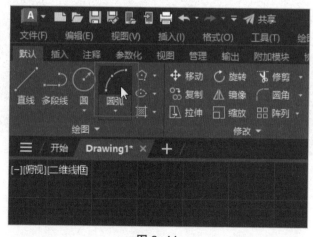

图 2-44

② 命令行提示如下：

命令：ARC
ARC 指定圆弧的起点或 [圆心 (C)]：// 指定圆弧的起点，如图 2-45 所示
ARC 指定圆弧的第二个点或 [圆心 (C) 端点 (E)]：// 指定圆弧的第二个
起点，如图 2-46 所示
ARC 指定圆弧的端点：// 指定圆弧的端点，如图 2-47 所示

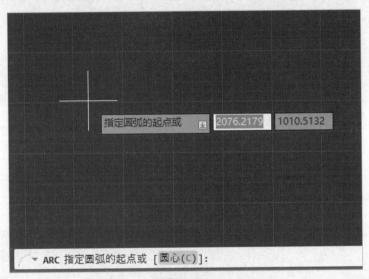

图 2-45

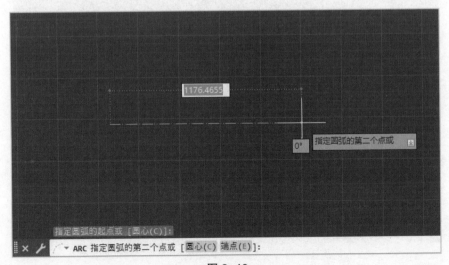

图 2-46

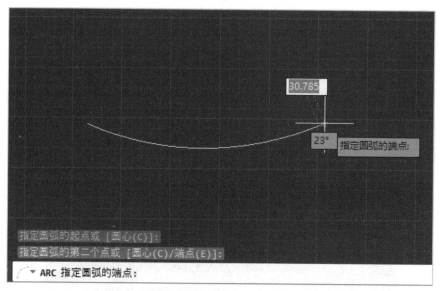

图 2-47

3 上下拖动鼠标，调整圆弧的大小和方向，单击鼠标左键完成绘制，如图 2-48所示。

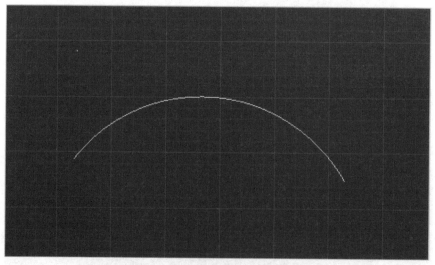

图 2-48

2.4.3 绘制椭圆

椭圆是一个被拉伸或压扁的圆形。绘制椭圆由两个焦点和一个固定距离

（长轴）确定。椭圆命令经常被用于绘制椭圆形的物体、零件、窗口等。

绘制椭圆的操作步骤如下：

1　在功能区中，单击【椭圆】按钮，如图2-49所示。或者在命令行中输入"ELLIPSE"命令并按【Enter】键。

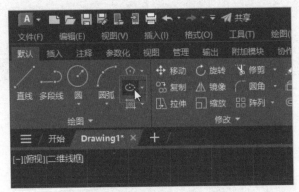

图 2-49

2　命令行提示如下：

命令：ELLIPSE

ELLIPSE 指定椭圆的中心点：// 指定椭圆的中心点，如图 2-50 所示

ELLIPSE 指定轴的另一个端点：// 指定椭圆的端点 1，如图 2-51 所示

ELLIPSE 指定另一条半轴长度或 [旋转 (R)]：// 指定椭圆的端点 2，如图 2-52 所示

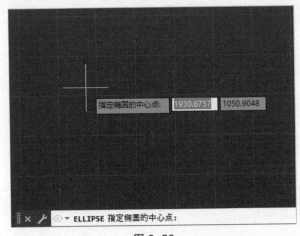

图 2-50

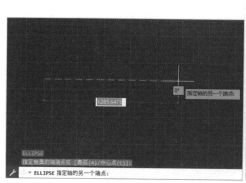

图 2-51

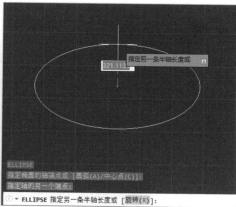

图 2-52

3 椭圆绘制完成，如图2-53所示。

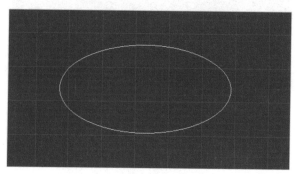

图 2-53

Chapter

03

第 3 章

编辑二维图形

　　二维图形的编辑是使用AutoCAD进行绘图的基础技能之一。AutoCAD 2024提供了多种对二维图形进行编辑的命令，通过掌握二维图形的编辑方法，用户可以对图形进行调整和修改，绘制出更为复杂的图形。通过学习本章，用户可以快速掌握二维图形的编辑方法。

学习要点：★学会选择与移动二维对象
　　　　　★学会使用变形类命令编辑二维图形
　　　　　★学会使用复制类命令编辑二维图形
　　　　　★学会使用阵列类命令编辑二维图形
　　　　　★学会使用修剪类命令编辑二维图形
　　　　　★学会二维圆角与倒角操作

3.1 选择与移动对象

在 AutoCAD 中，选择和移动对象是进行二维图形编辑的基础操作。下面将介绍选择和移动对象的方法。

3.1.1 选择对象

编辑对象前必须要先选择对象，在 AutoCAD 中选择对象的方式有以下几种：

单击鼠标左键：通过单击鼠标左键选择一个对象。此方式适用于选择单个对象或多个不相邻的对象，如图 3-1 所示。

图 3-1

窗口选择：单击鼠标左键，然后向右滑动鼠标，光标移动的同时会创建一个淡蓝色实线窗口，利用该窗口框选要选择的对象，只有完全位于窗口内的对象会被选择，如图 3-2 所示。

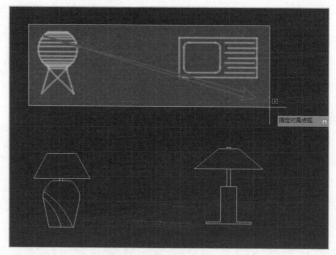

图 3-2

　　交叉选择：单击鼠标左键，然后向左滑动鼠标，光标移动的同时会创建一个淡绿色虚线窗口，利用该窗口框选要选择的对象，有任一顶点或一边界位于窗口中的图形都会被选择，如图 3-3 所示。

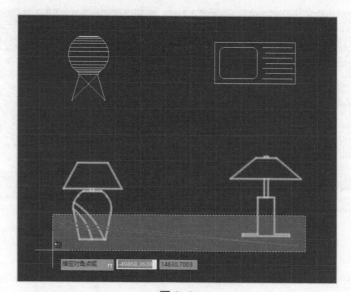

图 3-3

　　命令行：

1　在命令行中输入 "SELECT"（选择）命令，并按【Enter】键，如图3-4所示。

073

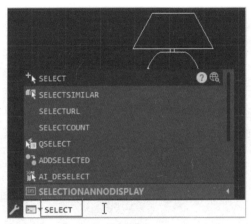

图 3-4

2 命令行提示如下：

命令：SELECT
SELECT 选择对象：all// 输入"all"表示选择所有的对象，如图 3-5 所示
SELECT 选择对象：// 对象已被选中，如图 3-6 所示

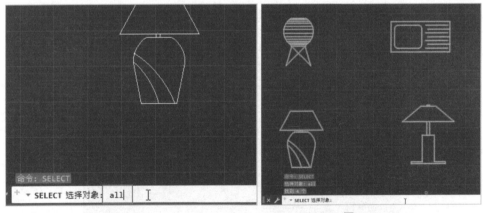

图 3-5   图 3-6

实用贴士

　　选中多个对象后，按下【Esc】键可以取消当前全部对象的选中状态。按下【Shift】键的同时再次单击对象可以将其从当前选择集中删除。

3.1.2 移动对象

移动对象是指将已选择的对象从一个位置移动到另一个位置的操作。移动对象的方式有以下几种：

拖拽移动：选择要移动的对象后，按住鼠标左键拖动对象到目标位置，释放鼠标左键后对象将被移动到目标位置，如图 3-7 所示。

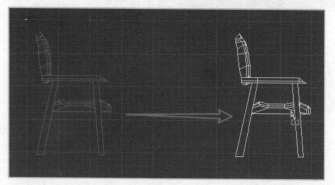

图 3-7

菜单栏：在菜单栏中，单击【修改】菜单，在其下拉列表中选择【移动】命令，如图 3-8 所示。

图 3-8

功能区：在功能区中，单击【移动】按钮，如图 3-9 所示。

命令行：

1 在命令行中输入"MOVE"命令并按【Enter】键，如图3-10所示。

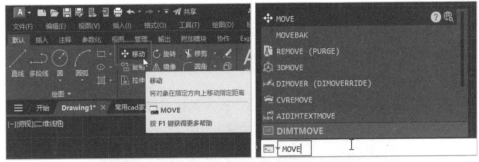

图 3-9　　　　　　　　　　　　　　　　图 3-10

2 命令行提示如下：

命令：MOVE

MOVE 选择对象：// 选择需要移动的对象并按【Enter】键，如图 3-11 所示

MOVE 指定基点或 [位移 (D)]< 位移 >：// 在绘图区中指定位移基点，如图 3-12 所示

MOVE 指定位移的第二点或 < 使用第一个点作为位移 >：// 指定移动的目标点，然后按下【Enter】键完成移动，如图 3-13 所示

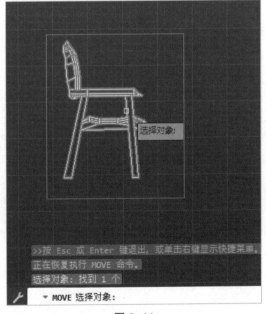

图 3-11

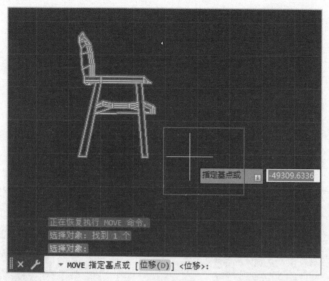

图 3-12

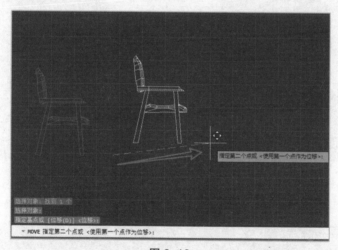

图 3-13

3.2 变形类命令

在 AutoCAD 中，变形类命令用于对已选择的对象进行形状或尺寸的变换，以满足特定的设计需求。变形类命令包括旋转、拉长、拉伸、缩放。下面将介绍这几种命令的执行方法。

3.2.1 旋转

旋转（ROTATE）命令用于将对象围绕一个基点进行旋转，旋转命令可以应用于各种类型的对象，包括线条、圆、文字等。旋转对象的方式有以下几种：

菜单栏：在菜单栏中，单击【修改】菜单，在其下拉列表中选择【旋转】命令，如图 3-14 所示。

图 3-14

功能区：在功能区中，单击【旋转】按钮，如图 3-15 所示。

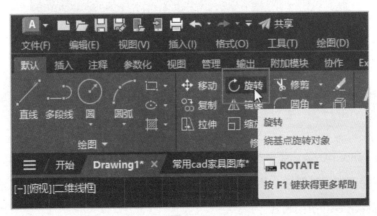

图 3-15

命令行：

1 在命令行中输入"ROTATE"命令并按【Enter】键，如图3-16所示。

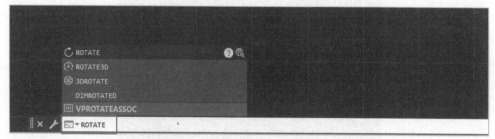

图 3-16

2 命令行提示如下：

命令：ROTATE

ROTATE 选择对象：// 选择要旋转的对象并按【Enter】键，如图 3-17 所示

ROTATE 指定基点：// 在绘图区指定旋转基点，如图 3-18 所示

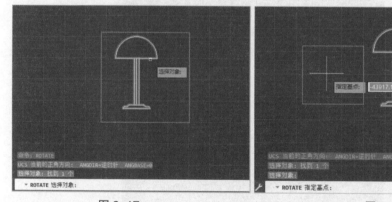

图 3-17   图 3-18

ROTATE 指定旋转角度，或 [复制 (C) 参照 (R)]<0>：// 直接指定旋转角度或者输入旋转角度，对象将围绕基点按照指定角度进行旋转，如图 3-19 所示

3 旋转后的图形如图3-20所示。

命令中各选项说明如下：

◆复制（C）：在旋转对象后，创建一个原始对象的副本。

◆参照（R）：指定一个参考点作为旋转的基准点。

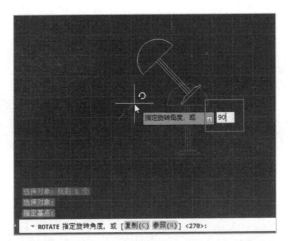

图 3-19

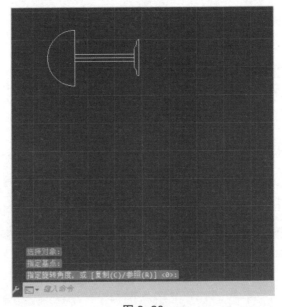

图 3-20

3.2.2 拉长

拉长（LENGTHEN）命令用于将对象延长或扩展，对象可以是线段、边界或多段线等。拉长命令只能用来调整没有封闭的对象的长度，对于封闭的对象，此命令无效。拉长对象的方式有以下几种：

菜单栏：在菜单栏中，单击【修改】菜单，在其下拉列表中选择【拉长】命令，如图 3-21 所示。

图 3-21

功能区：在功能区中，单击【修改】下拉按钮，然后选择【拉长】按钮，如图 3-22 所示。

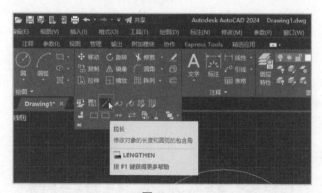

图 3-22

命令行：

1 在命令行中输入"LENGTHEN"命令并按【Enter】键，如图3-23所示。

图 3-23

② 命令行提示如下：

命令：LENGTHEN

LENGTHEN 选择要测量的对象或【增量 (DE) 百分比 (P) 总计 (T) 动态 (DY)】< 百分比 (P)>: // 通过指定数值来拉长对象，以【百分比 (P)】选项为例，如图 3-24 所示

LENGTHEN 输入长度百分数 <100.0000>: // 输入需要的拉长的百分比，并按下【Enter】键，如图 3-25 所示

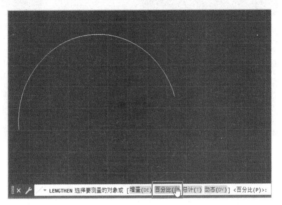

图 3-24

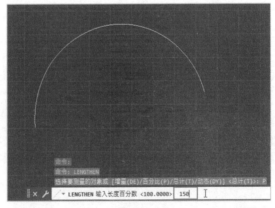

图 3-25

LENGTHEN 选择要修改的对象或【放弃 (U)】: // 选择修改对象并按【Enter】键，如图 3-26 所示

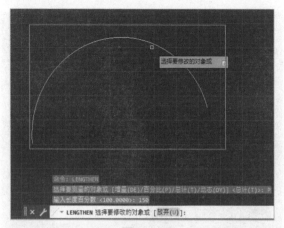

图 3-26

③ 拉长后的图形如图3-27所示。

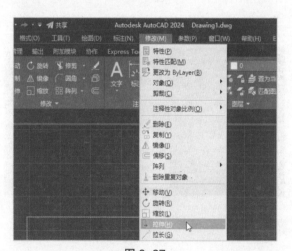

图 3-27

3.2.3 拉伸

拉伸（STRETCH）命令用于对图像对象进行拉伸，通过移动对象的特定点或边界来拉伸对象。由于拉伸时，被选定的部分被移动，其余部分保持不变，因此拉伸会改变原图形的尺寸和形状。拉伸对象的方式有以下几种：

菜单栏：在菜单栏中，单击【修改】菜单，在其下拉列表中选择【拉伸】命令，如图 3-28 所示。

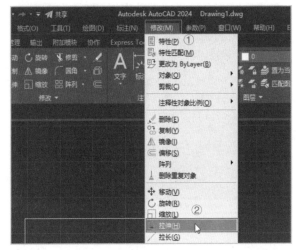

图 3-28

功能区：在功能区中，单击【拉伸】按钮，如图 3-29 所示。

图 3-29

命令行：

① 在命令行中输入"STRETCH"命令并按【Enter】键，如图3-30所示。

图 3-30

② 命令行提示如下：

命令：STRETCH
STRETCH 选择对象：指定对角点：// 如果需要拉伸对象的一部分，则使用交叉选择；如果要拉伸全部对象，则使用窗口选择。这里以交叉选择为例，选择完毕后按下【Enter】键，如图 3-31 所示

STRETCH 指定基点或 [位移 (D)]< 位移 >：// 指定拉伸基点，如图 3-32 所示

STRETCH 指定第二个点或 < 使用第一个点作为位移 >：// 指定拉伸的端点，如图 3-33 所示

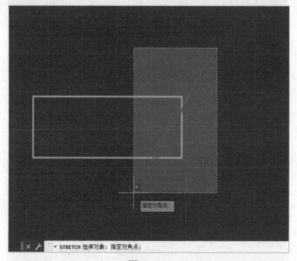

图 3-31

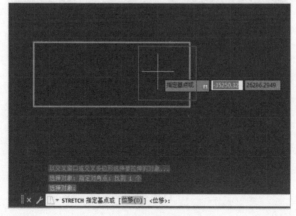

图 3-32

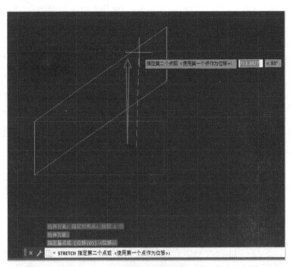

图 3-33

3 拉伸后的图形如图3-34所示。

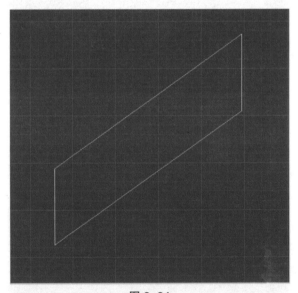

图 3-34

实用贴士

　　如果一个图形的所有线段都被选中，那么对该图形执行【拉伸】命令的效果和执行【移动】命令的效果相同。

3.2.4 缩放

缩放（SCALE）命令用于将选定的对象按比例进行放大或缩小，同时，对象的形状不会发生变化。缩放对象的方法有以下几种：

菜单栏：在菜单栏中，单击【修改】菜单，在其下拉列表中选择【缩放】命令，如图 3-35 所示。

图 3-35

功能区：在功能区中，单击【缩放】按钮，如图 3-36 所示。

图 3-36

命令行：

1 在命令行中输入"SCALE"命令并按【Enter】键，如图3-37所示。

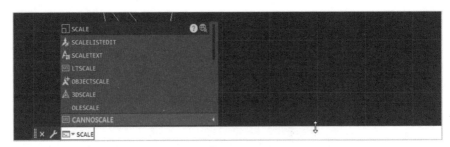

图 3-37

2 命令行提示如下：

> 命令：SCALE
>
> SCALE 选择对象：// 选择缩放的对象并按【Enter】键，如图 3-38 所示
>
> SCALE 指定基点：// 在绘图区中指定缩放基点，如图 3-39 所示

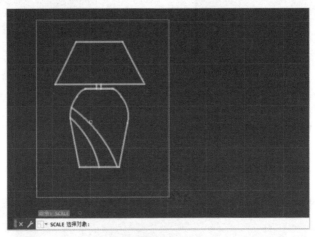

图 3-38

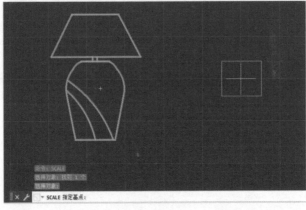

图 3-39

SCALE 指定比例因子或【复制 (C) 参照 (R)】：// 为了体现缩放效果，这里选择保留原图形，单击【复制 (C)】选项，然后输入缩放比例并按【Enter】键，如图 3-40 所示

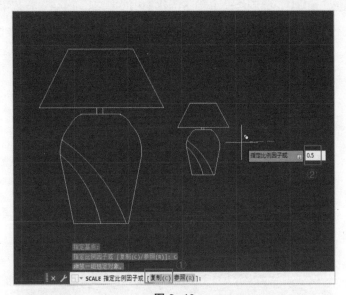

图 3-40

3 缩放后的图形如图3-41所示。

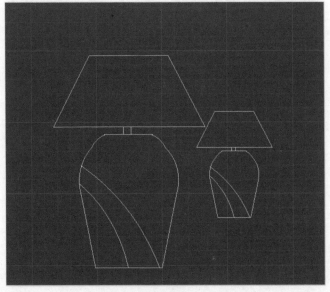

图 3-41

3.3 复制类命令

在 AutoCAD 中，复制类命令用于创建对象的副本、对称对象或平行对象。复制类命令包括复制对象、镜像对象、偏移对象。下面将介绍复制类命令的执行方法。

3.3.1 复制

复制（COPY）命令用于在指定位置创建一个或多个与原始对象完全相同的副本。复制对象的方法有以下几种：

菜单栏：在菜单栏中，单击【修改】菜单，在其下拉列表中选择【复制】命令，如图 3-42 所示。

图 3-42

功能区：在功能区中，单击【复制】按钮，如图 3-43 所示。

命令行：

1 在命令行中输入"COPY"命令并按【Enter】键，如图3-44所示。

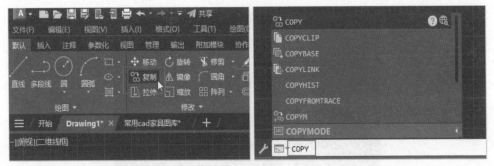

<table>
<tr><td>图 3-43</td><td>图 3-44</td></tr>
</table>

② 命令行提示如下:

命令: COPY

COPY 选择对象: // 选择要复制的对象并按【Enter】键,如图 3-45 所示

COPY 指定基点或 [位移 (D) 模式 (O)]< 位移 >: // 在绘图区中指定复制基点,如图 3-46 所示

COPY 指定第二个点或 [阵列 (A)]< 使用第一个点作为位移 >: // 指定位移的距离,如图 3-47 所示

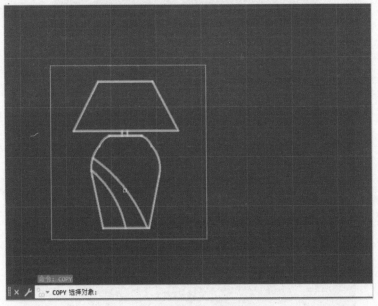

图 3-45

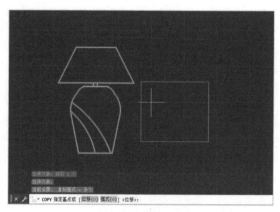

图 3-46

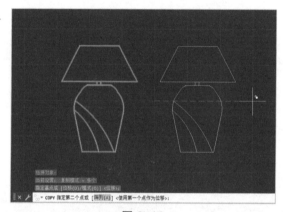

图 3-47

3 复制后的对象如图3-48所示。

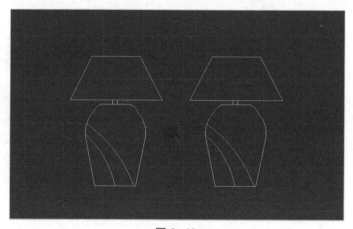

图 3-48

3.3.2 镜像

镜像（MIRROR）命令用于通过指定的镜像线为轴创建对象的镜像副本，快速创建对称的对象。镜像对象的方法有以下几种：

菜单栏：在菜单栏中，单击【修改】菜单，在其下拉列表中选择【镜像】命令，如图 3-49 所示。

图 3-49

功能区：在功能区中，单击【镜像】按钮，如图 3-50 所示。

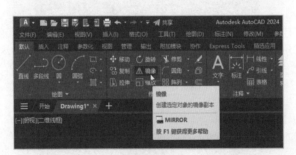

图 3-50

命令行：

1 在命令行中输入"MIRROR"命令并按【Enter】键，如图3-51所示。

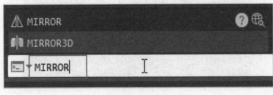

图 3-51

2 命令行提示如下：

> 命令：MIRROR
>
> MIRROR 选择对象：// 选择要镜像的对象并按【Enter】键，如图 3-52 所示
>
> MIRROR 指定镜像线的第一点：// 指定镜像线的第一点，如图 3-53 所示
>
> MIRROR 指定镜像线的第二点：// 指定镜像线的第二点，并确定镜像对象的轴向，如图 3-54 所示
>
> MIRROR 要删除源对象吗？ [是 (Y) 否 (N)]< 否 >：// 此处选择不删除，如图 3-55 所示

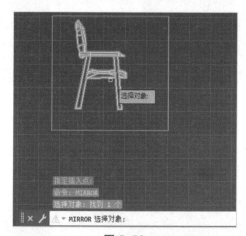

图 3-52

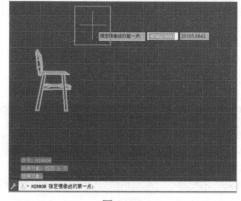

图 3-53

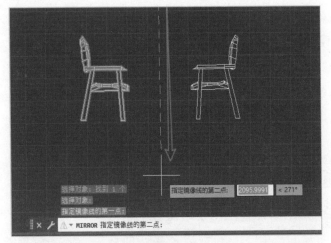

图 3-54

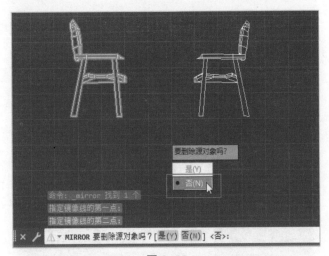

图 3-55

3 镜像后的图形如图3-56所示。

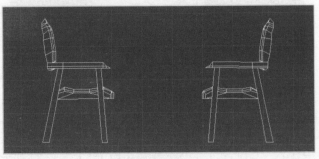

图 3-56

实用贴士

在执行【镜像】命令时，如果想要绘制垂直或水平的镜像线，可以先单击状态栏中的【 ▙ 】按钮，以正交模式快速绘制垂直或水平的线段。

3.3.3 偏移

偏移（OFFSET）命令是用于创建与原始对象平行且有一定距离的副本，通常被用于创建同心圆、平行线以及平行曲线等。偏移对象的方法有以下几种：

菜单栏：在菜单栏中，单击【修改】菜单，在其下拉列表中选择【偏移】命令，如图3-57所示。

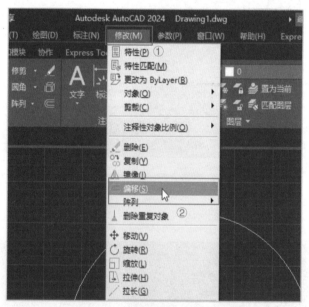

图 3-57

功能区：在功能区中，单击【偏移】按钮，如图3-58所示。

命令行：

1 在命令行中输入"OFFSET"命令并按【Enter】键，如图3-59所示。

图 3-58 　　　　　　　　　　　 图 3-59

2 命令行提示如下：

> 命令：OFFSET
>
> OFFSET 指定偏移距离或 [通过 (T) 删除 (E) 图层 (L)]：// 在绘图区中指定一点作为偏移距离的起点，如图 3-60 所示
>
> OFFSET 指定偏移距离或 [通过 (T) 删除 (E) 图层 (L)]：// 指定第二点作为偏移距离的终点，如图 3-61 所示
>
> OFFSET 选择要偏移的对象，或 [退出 (E) 放弃 (U)]< 退出 >：// 选择要偏移的对象，如图 3-62 所示
>
> OFFSET 指定要偏移的那一侧上的点，或【退出 (E) 多个 (M) 放弃 (U) 】< 退出 >：// 指定一点以确定新对象的位置，如图 3-63 所示

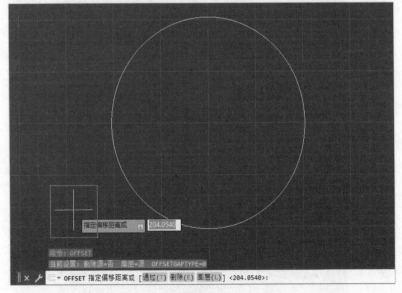

图 3-60

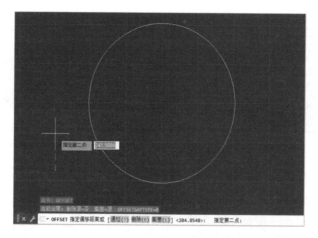

图 3-61

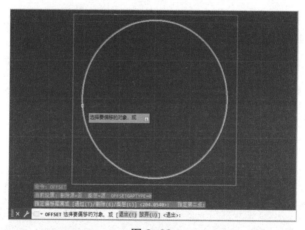

图 3-62

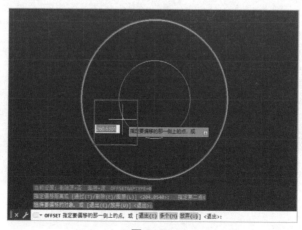

图 3-63

3 偏移后的图形如图3-64所示。

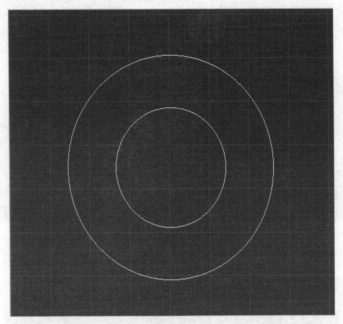

图 3-64

3.4 阵列类命令

在 AutoCAD 中，阵列类命令用于创建多个对象的副本，并按照特定的模式进行排列。阵列类命令包括矩形阵列、环形阵列和路径阵列。下面将介绍阵列类命令的执行方法。

3.4.1 矩形阵列

矩形阵列（ARRAYRECT）命令是将对象以行和列的形式进行排列，使阵列成为矩形。执行【矩形阵列】命令的方法有以下几种：

菜单栏：在菜单栏中，单击【修改】菜单，在其下拉列表中选择【阵列】选项，并在其子列表中选择【矩形阵列】命令，如图 3-65 所示。

图 3-65

功能区：在功能区中，单击【阵列】下拉按钮，在其下拉列表中选择【矩形阵列】按钮，如图 3-66 所示。

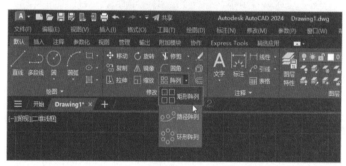

图 3-66

命令行：

1 在命令行中输入 "ARRAYRECT" 命令并按【Enter】键，如图3-67所示。

图 3-67

2 命令行提示如下：

命令：ARRAYRECT
ARRAYRECT 选择对象：// 选择需要阵列的对象，如图 3-68 所示

ARRAYRECT 选择夹点以编辑阵列或 [关联 (AS) 基点 (B) 计数 (COU) 间距 (S) 列数 (COL) 行数 (R) 层数 (L) 退出 (X)]< 退出 >: //AutoCAD 按照默认的矩形阵列复制图形，同时功能区显示出【阵列创建】选项卡，如图 3-69 所示

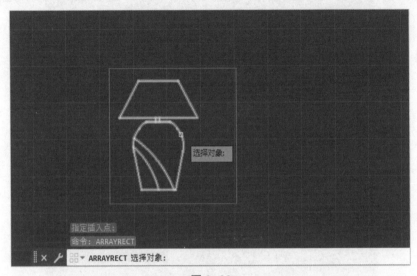

图 3-68

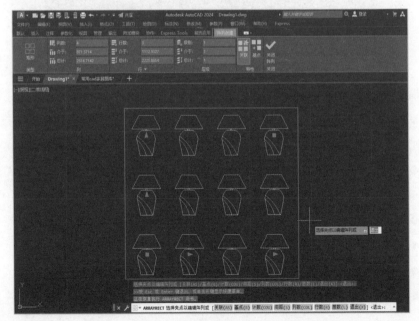

图 3-69

在【阵列创建】选项卡中设置矩形阵列的行、列等参数，设置完毕后单击【关闭阵列】按钮，如图 3–70 所示。

图 3–70

③ 矩形阵列创建完成，如图3–71所示。

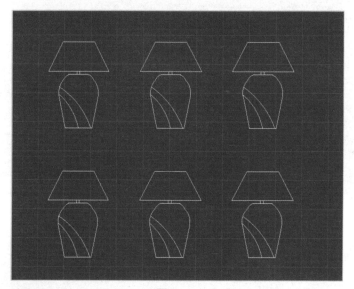

图 3–71

命令中各选项说明如下：

◆关联（AS）：指定阵列中的对象与原始对象是否关联。如果选择此选项，则对阵列对象进行的任何更改都会同步应用于原始对象。

◆基点（B）：定义阵列起始点的位置。

◆计数（COU）：指定每行或每列的对象数量。

◆间距（S）：更改阵列的行间距和列间距。

◆列数（COL）：指定阵列中的列数。

◆行数（R）：指定阵列中的行数。

◆层数（L）：指定三维视图中，阵列的层数。二维视图中无须设置。

在创建矩形阵列时，AutoCAD 默认朝向 X、Y 轴的正方向进行复制，如果用户想要朝反方向进行复制，在输入行数或列数时在前面加"−"符号即可，当然也可以通过向反方向拖动夹点来实现。

3.4.2 路径阵列

路径阵列（ARRAYPATH）命令是将对象沿曲线（可以是直线、多段线、三维多段线、样条曲线等）进行复制排列，并且可以通过在路径上设置基点来改变阵列结果。执行【路径阵列】命令的方法有以下几种：

菜单栏：在菜单栏中，单击【修改】菜单，在其下拉列表中选择【阵列】命令，并在其子列表中选择【路径阵列】命令，如图 3-72 所示。

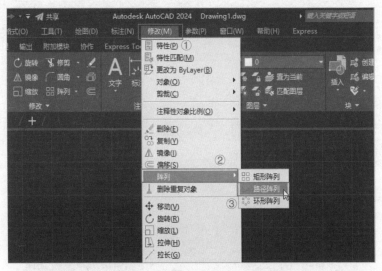

图 3-72

功能区：在功能区中，单击【阵列】下拉按钮，在其下拉列表中选择【路径阵列】按钮，如图 3-73 所示。

命令行：

1 在命令行中输入"ARRAYPATH"命令并按【Enter】键，如图3-74所示。

图 3-73

图 3-74

2 命令行提示如下：

> 命令：ARRAYPATH
>
> ARRAYPATH 选择对象：// 选择需要阵列的对象并按【Enter】键，如图 3-75 所示
>
> ARRAYPATH 选择路径曲线：// 选择需要作为路径的曲线并按【Enter】键，如图 3-76 所示
>
> ARRAYPATH 选择夹点以编辑阵列或 [关联 (AS) 方法 (M) 基点 (B) 切向 (T) 项目 (I) 行 (R) 层 (L) 对齐项目 (A)z 方向 (Z) 退出 (x)]< 退出 >：// AutoCAD 按照默认的阵列形式复制图形，调整阵列基点，单击【基点 (B)】选项，如图 3-77 所示

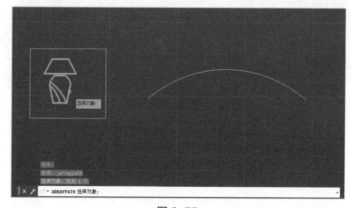

图 3-75

ARRAYPATH 指定基点或 [关键点 (K)]< 路径曲线的终点 >：// 指定路径阵列的基点，如图 3-78 所示

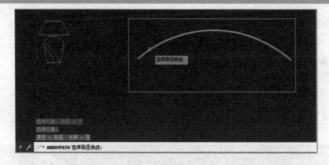

图 3-76

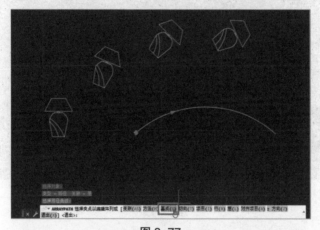

图 3-77

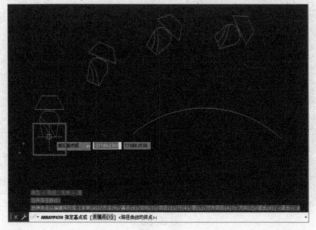

图 3-78

ARRAYPATH 选择夹点以编辑阵列或 [关联 (AS) 方法 (M) 基点 (B) 切向 (T) 项目 (I) 行 (R) 层 (L) 对齐项目 (A)z 方向 (Z) 退出 (x)]< 退出 >: // 调整阵列切向，单击【切向 (T)】选项，如图 3-79 所示

ARRAYPATH 指定切向矢量的第一个点或 [法线 (N)]: // 在原图形中指定切向的第一个点，如图 3-80 所示

ARRAYPATH 指定切向矢量的第二个点: // 指定切向矢量的第二个点，如图 3-81 所示

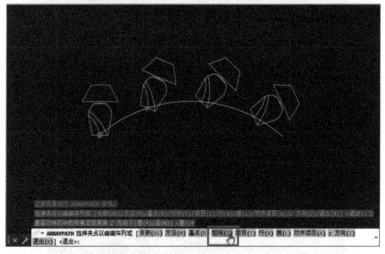

图 3-79

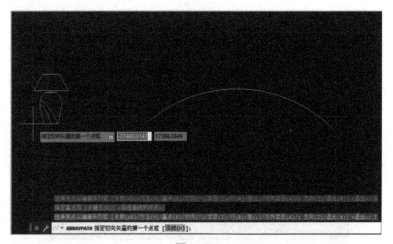

图 3-80

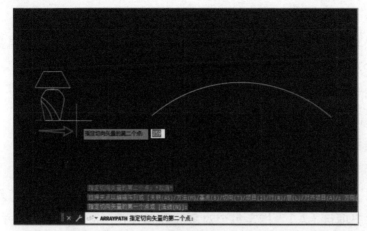

图 3-81

③ 路径阵列创建完成，如图3-82所示。

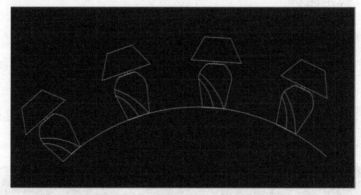

图 3-82

④ 删除路径曲线，效果如图3-83所示。

图 3-83

命令中各选项说明如下：

◆关联（AS）：与矩形阵列中的【关联】选项相同，这里不再赘述。

◆方法（M）：指定路径阵列的方法。

◆基点（B）：设置阵列的基点。

◆切向（T）：指定路径阵列对象的朝向。

◆项目（I）：指定在路径阵列中重复的对象数量。

◆行（R）：指定路径阵列中的行数。

◆层（L）：指定三维视图下阵列的层数和层间距。二维视图下无须设置。

◆对齐项目（A）：指定每个对象的对齐方式，是否与路径的方向相切。

◆z方向（Z）：指定路径阵列的垂直方向。

3.4.3 环形阵列

环形阵列（ARRAYPOLAR）命令是将对象以某一点为中心进行环形复制，对象会沿中心点在环形阵列上均匀分布。执行【环形阵列】命令的方法有以下几种：

菜单栏：在菜单栏中，单击【修改】菜单，在其下拉列表中选择【阵列】命令，并在其子列表中选择【环形阵列】命令，如图3-84所示。

图3-84

功能区：在功能区中，单击【阵列】下拉按钮，在其下拉列表中选择【环形阵列】按钮，如图 3-85 所示。

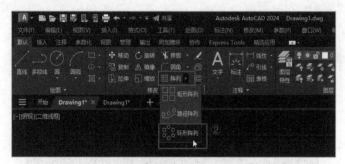

图 3-85

命令行：

1 在命令行中输入"ARRAYPOLAR"命令并按【Enter】键，如图3-86所示。

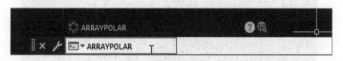

图 3-86

2 命令行提示如下：

命令：ARRAYPOLAR

ARRAYPOLAR 选择对象：// 选择需要阵列的对象并按【Enter】键，如图 3-87 所示

图 3-87

ARRAYPOLAR 指定阵列的中心点或 [基点 (B) 旋转轴 (A)]: // 在绘图区指定阵列的中心点,如图 3-88 所示

ARRAYPOLAR 选择夹点以编辑阵列或 [关联 (AS) 基点 (B) 项目 (I) 项目间角度 (A) 填充角度 (F) 行 (ROW) 层 (L) 旋转项目 (ROT) 退出 (x)< 退出 >: // 阵列创建完成,按下【Enter】键确认,如图 3-89 所示

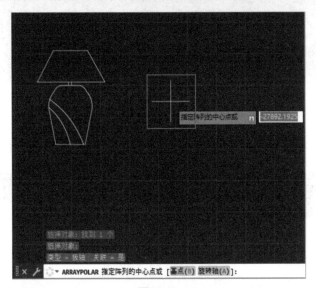

图 3-88

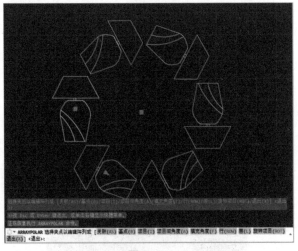

图 3-89

3 环形阵列创建完成,如图3-90所示。

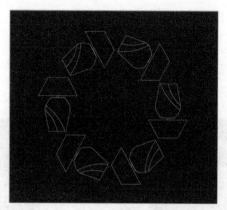

图 3-90

命令中各选项说明如下:

◆关联（AS）: 与矩形阵列中的【关联】选项相同，这里不再赘述。

◆基点（B）: 指定环形阵列的中心点，即旋转的中心。

◆项目（I）: 指定在环形阵列中重复的对象数量。

◆项目间角度（A）: 指定每个重复对象之间的角度间隔。

◆填充角度（F）: 指定环形阵列中的总角度。

◆行（ROW）: 指定阵列中的行数。

◆层（L）: 指定三维视图下阵列的层数。二维视图下无须设置。

◆旋转项目（ROT）: 指定每个重复对象是否旋转。选择"是"将使每个重复对象按照指定的角度旋转。

3.5 修剪类命令

在 AutoCAD 中，修剪类命令用于编辑和修改图形对象。修剪类命令包括修剪对象、延伸对象、删除对象。下面将介绍修剪类命令的执行方法。

3.5.1 修剪

修剪（TRIM）命令用于对选择对象进行修剪和切割。修剪和切割的对象可以是直线、圆弧、圆、多段线、构造线和样条曲线等。修剪对象的方法有以下几种：

菜单栏：在菜单栏中，单击【修改】菜单，在其下拉列表中选择【修剪】命令，如图 3-91 所示。

图 3-91

功能区：在功能区中，单击【修剪】按钮，如图 3-92 所示。

命令行：

1 在命令行中输入"TRIM"命令并按【Enter】键，如图3-93所示。

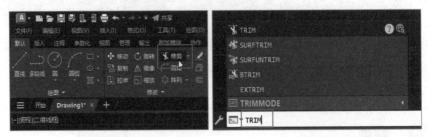

图 3-92   图 3-93

② 命令行提示如下:

命令: TRIM

TRIM [剪切边(T) 窗交(C) 模式(O) 投影(P) 删除(R)]: //选择要修剪的对象并单击,如图 3-94 所示(此方法适用于删除单个对象)

TRIM [剪切边(T) 窗交(C) 模式(O) 投影(P) 删除(R) 放弃(U)]: //单击【窗交(C)】选项,如图 3-95 所示

TRIM 指定第一个角点: //指定框选的起点

图 3-94

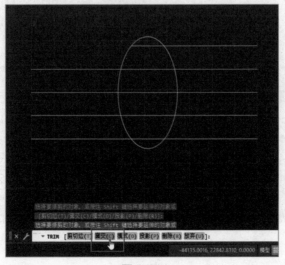

图 3-95

TRIM [剪切边 (T) 窗交 (C) 模式 (O) 投影 (P) 删除 (R) 放弃 (U)]: 指定对角点:
// 拖动鼠标进行框选，如图 3-96 所示

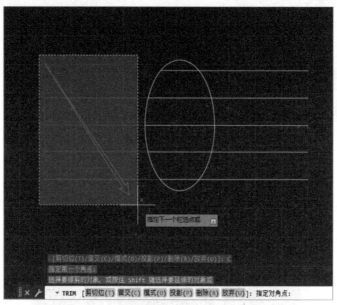

图 3-96

③ 修剪后的对象如图3-97所示。

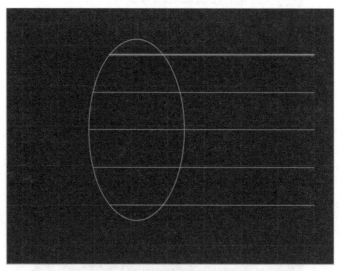

图 3-97

④ 重复上述操作，效果如图3-98所示。

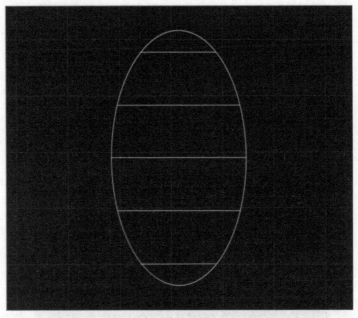

图 3-98

实用贴士

　　在执行【修剪】命令时，如果想要同时选择多个或全部图形进行修剪，可以先输入"TRIM"命令并按【Enter】键，根据命令行中的提示进行选择，如果不选择任何对象，再次按下【Enter】键，AutoCAD 将会对所有图形进行修剪。

3.5.2　延伸

　　延伸（EXTEND）命令用于延长对象使其与选定的边界相交。延伸对象的方法有以下几种：

　　菜单栏：在菜单栏中，单击【修改】菜单，在其下拉列表中选择【延伸】命令，如图 3-99 所示。

　　功能区：在功能区中，单击【修剪】下拉按钮，在其下拉列表中选择【延伸】按钮，如图 3-100 所示。

图 3-99

图 3-100

命令行:

1 在命令行中输入"EXTEND"命令并按【Enter】键,如图3-101所示。

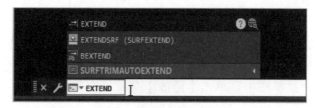

图 3-101

2 命令行提示如下：

> 命令：EXTEND
>
> EXTEND[边界边 (B) 窗交 (C) 模式 (O) 投影 (P)]: //选择要延伸的对象并单击，如图 3-102 所示
>
> EXTEND[边界边 (B) 窗交 (C) 模式 (O) 投影 (P)]: //单击【窗交 (C)】选项，如图 3-103 所示

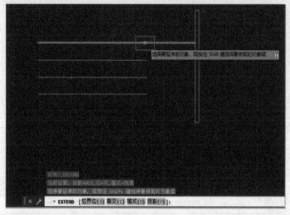

图 3-102

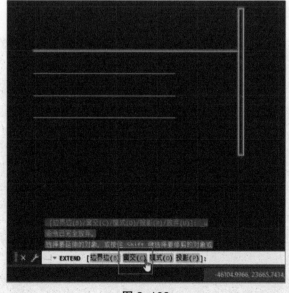

图 3-103

117

EXTEND[边界边 (B) 窗交 (C) 模式 (O) 投影 (P) 放弃 (U)]：指定对角点：
// 拖动鼠标进行框选，如图 3-104 所示

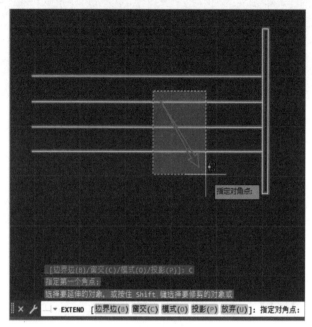

图 3-104

3 延伸后的对象如图3-105所示。

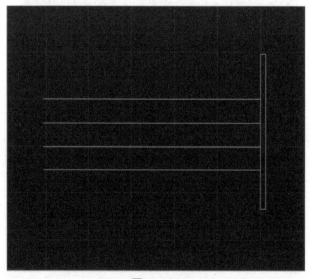

图 3-105

3.5.3 删除

删除命令用于将选定的对象从绘图区中移除。删除对象的方法有以下几种：

快捷键：选中需要删除的对象，然后按【Delete】键。

菜单栏：在菜单栏中，单击【修改】菜单，在其下拉列表中选择【删除】命令，如图 3-106 所示。

功能区：在功能区中，单击【删除】按钮，如图 3-107 所示。

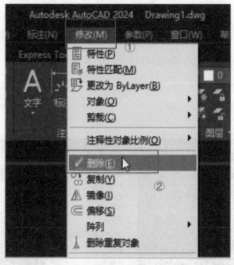

图 3-106

图 3-107

命令行：在命令行中输入"REASE"命令并按【Enter】键，然后选择需要删除的对象即可。

3.6 圆角与倒角

在 AutoCAD 中，可以对二维图形进行圆角与倒角操作，对象包括直线、多段线、多边形等。圆角与倒角只会对图形的顶角进行修改，并不会改变图形的大体形状和位置。下面将介绍对二维图形进行圆角和倒角的操作方法。

3.6.1 圆角

圆角（FILLET）命令用于将两条相交的直线对象以平滑的圆弧相连，以此消除尖锐的直角。圆角的操作方法有以下几种：

菜单栏：在菜单栏中，单击【修改】菜单，在其下拉列表中选择【圆角】命令，如图 3-108 所示。

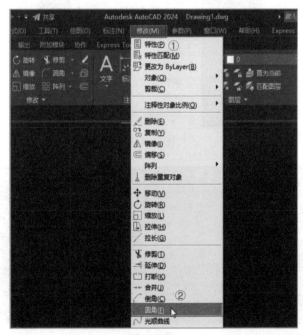

图 3-108

功能区：在功能区中，单击【圆角】按钮，如图 3-109 所示。

图 3-109

命令行:

1 在命令行中输入"FILLET"命令并按【Enter】键,如图3-110所示。

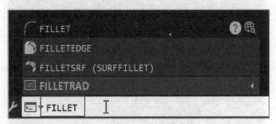

图 3-110

2 命令行提示如下:

命令: FILLET
FILLET 选择第一个对象或 [放弃 (U) 多段线 (P) 半径 (R) 修剪 (T) 多个 (M)]:
单击【半径 (R)】选项,如图 3-111 所示

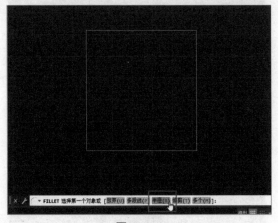

图 3-111

FILLET 指定圆角半径 <0.0000>: // 输入圆角半径，如图 3-112 所示
FILLET 选择第一个对象或 [放弃 (U) 多段线 (P) 半径 (R) 修剪 (T) 多个 (M)]:
// 选择圆角对象的第一条边，如图 3-113 所示
FILLET 选择第二个对象，或按住 Shift 键选择对象以应用角点或 [半径 (R)]:
// 选择圆角对象的第二条边，两条边形成的角已被圆角，如图 3-114 所示

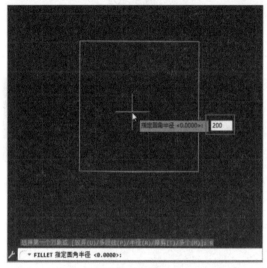

图 3-112

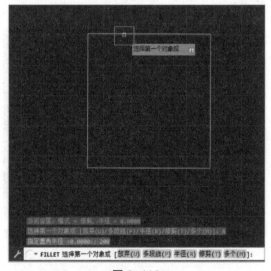

图 3-113

FILLET选择第一个对象或[放弃(U)多段线(P)半径(R)修剪(T)多个(M)]:
//单击【多段线(P)】选项，如图3-115所示
FILLET选择二维多段线或[半径(R)]: //选择图形，图形的4角均被圆角，
如图3-116所示

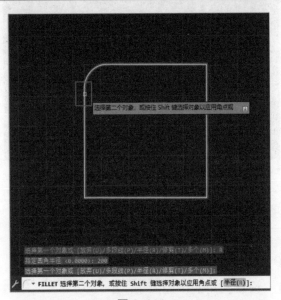

图 3-114

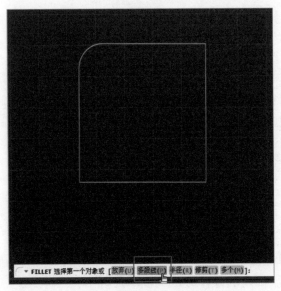

图 3-115

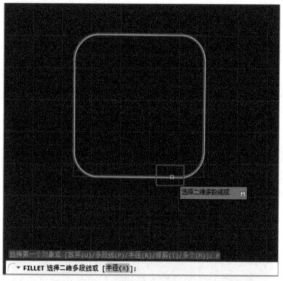

图 3-116

命令中各选项说明如下：

◆放弃（U）：放弃上一次的圆角操作。

◆多段线（P）：在多段线的每个顶点处进行圆角。

◆半径（R）：设置圆角的半径大小。

◆修剪（T）：设置是否修剪对象。

◆多个（M）：一次选择多个对象进行圆角。

实用贴士　　在进行圆角或倒角操作前，需要先确定矩形的长和宽，如果矩形的边长太短，小于圆角或倒角的距离，那么 AutoCAD 将无法进行圆角或倒角操作。

3.6.2　倒角

倒角（CHAMFER）命令用于将两条相交的直线对象以斜角相连，以此消除尖锐的直角。倒角的操作方法有以下几种：

菜单栏：在菜单栏中，单击【修改】菜单，在其下拉列表中选择【倒角】命令，如图 3-117 所示。

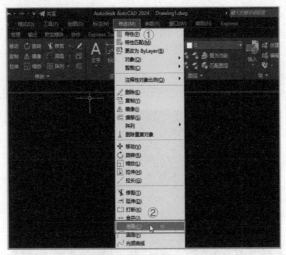

图 3-117

功能区：在功能区中，单击【倒角】下拉按钮，在其下拉列表中选择【倒角】按钮，如图 3-118 所示。

图 3-118

命令行：

1　在命令行中输入 "CHAMFER" 命令并按【Enter】键，如图3-119所示。

图 3-119

② 命令行提示如下：

> 命令：CHAMFER
> CHAMFER 选择第一条直线或【放弃 (U) 多段线 (P) 距离 (D) 角度 (A) 修剪 (T) 方式 (E) 多个 (M)】：// 单击【距离 (D)】选项，如图 3-120 所示
> CHAMFER 指定第一个倒角距离 <0.0000>：// 输入第一个倒角距离，如图 3-121 所示

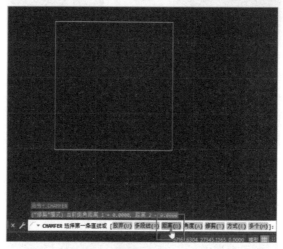

图 3-120

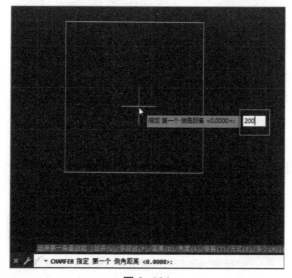

图 3-121

CHAMFER 指定第二个倒角距离 <200.0000>: // 输入第二个倒角距离，如图 3-122 所示

CHAMFER 选择第一条直线或【放弃 (U) 多段线 (P) 距离 (D) 角度 (A) 修剪 (T) 方式 (E) 多个 (M)】: // 选择倒角对象的第一条边，如图 3-123 所示

CHAMFER 选择第二条直线，或按住 Shift 键选择直线以应用角点或 [距离 (D) 角度 (A) 方法 (M)]: // 选择倒角对象的第二条边，如图 3-124 所示

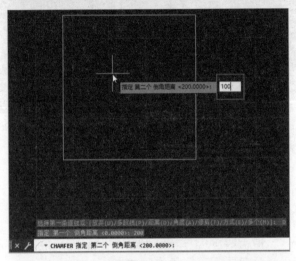

图 3-122

图 3-123

3 选择【多段线(P)】选项会对整个图形进行倒角操作，前文已详细介绍，
此处不再做赘述，效果如图3-125所示。

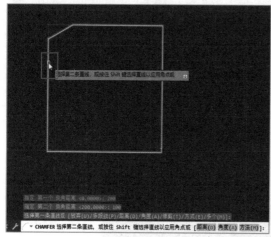

图 3-124   图 3-125

命令中各选项说明如下：

◆放弃（U）：放弃上一次的倒角操作。

◆多段线（P）：在多段线的每个顶点进行倒角。

◆距离（D）：设置两条倒角边之间的距离。

◆角度（A）：指定两条倒角边之间的角度。

◆修剪（T）：设定是否对倒角进行修剪。

◆方式（E）：选择倒角方式。

◆多个（M）：一次选择多个对象进行倒角。

Chapter

04

第4章
图形的尺寸标注

在AutoCAD中，尺寸标注是用于显示和注释图形中的尺寸信息的工具。它用于标记和测量绘图中的线段、圆、角度、半径、直径等尺寸。尺寸标注可以为用户提供准确的尺寸信息，以便在绘图中进行精确的测量和设计。通过学习本章，用户可以快速了解尺寸标注的概念、创建尺寸标注的方法以及相关操作。

学习要点：★了解尺寸标注的组成

★学会设置尺寸标注样式

★学会创建各类尺寸标注

4.1 尺寸标注的组成

在 AutoCAD 中，尺寸标注是一个复合体，由多个元素组成，一个完整的尺寸标注包括尺寸线、尺寸界线、标注文字及标注符号四部分。

尺寸标注的组成如图 4-1、图 4-2 所示。

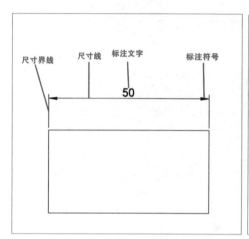

图 4-1   图 4-2

尺寸标注的组成说明如下：

◆尺寸线：用于指示标注的方向和范围。尺寸线连接标注文字和物体的边界，通常与所标注的对象平行，两端各有一条延伸线，尺寸线一般为直线，但在标注角度时，尺寸线呈圆弧形。

◆尺寸界线：用于指示尺寸的起点和终点，以及标注的范围。尺寸界线从尺寸线上延伸出来，与物体的边界相连。

◆标注文字：用于指示图形尺寸的数值，通常位于尺寸线上方或中断处。在进行尺寸标注时，AutoCAD 会自动生成所标注对象的尺寸数值，用户也可以对标注的文字进行编辑。

◆标注符号：用于指定标注的起始位置，位于尺寸线的两端，默认的标注符号为箭头。常见的标注符号还包括圆圈、小斜线箭头、点和斜杠等。

4.2 尺寸标注样式

在 AutoCAD 中，尺寸标注样式用于设置尺寸标注的外观和格式，包括尺寸线的样式、箭头的样式、标注文字的样式等。绘制不同的图形或图纸时，需要设置不同的尺寸标注样式。下面将介绍设置尺寸标注样式的方法。

4.2.1 新建标注样式

新建标注样式，主要是通过【标注样式管理器】对话框来完成，打开【标注样式管理器】对话框的方式有以下几种：

菜单栏：在菜单栏中，单击【格式】菜单，在其下拉列表中选择【标注样式】命令，如图 4-3 所示。

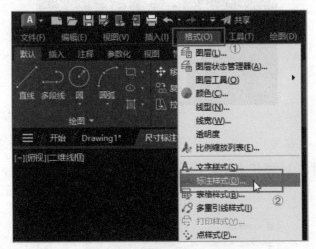

图 4-3

在绘制机械制图、工程制图、装修制图或其他领域的图样时，往往要遵守不同的规则或规定，以设置不同的尺寸标注样式。具体的规则需要参阅国家或相关行业指定的规范和标准。

功能区：在功能区中，单击【默认】选项卡中的【注释】下拉按钮，如图 4-4 所示，在其下拉列表中单击【标注样式】按钮，如图 4-5 所示。

图 4-4

图 4-5

命令行：在命令行中输入"DIMSTYLE"命令并按【Enter】键。

不论选择上述哪种方法，都会弹出【标注样式管理器】对话框，如图 4-6 所示。

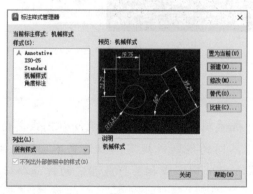

图 4-6

4.2.2 设置标注样式

设置标注样式的操作步骤如下：

1. 打开【标注样式管理器】对话框，单击【新建】按钮，如图4-7所示。

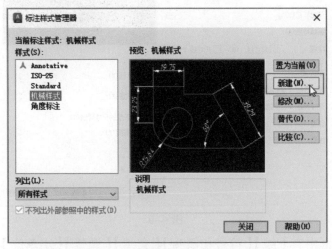

图 4-7

2. 弹出【创建新标注样式】对话框，在【新样式名】文本框中输入新样式的名称，单击【继续】按钮，如图4-8所示。

图 4-8

3. 打开【新建标注样式：副本 机械样式】对话框，如图4-9所示。

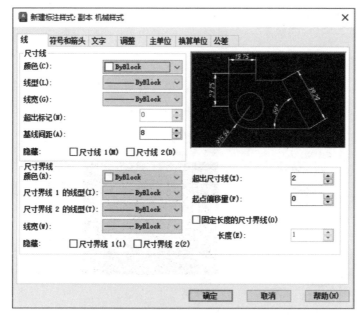

图 4-9

该对话框中有【线】【符号和箭头】【文字】【调整】【主单位】【换算单位】和【公差】7 个选项卡，分别介绍如下：

◆线：用于设置尺寸线、尺寸界线等的样式，包括颜色、线型、线宽等。

◆符号和箭头：用于设置尺寸标注中使用的箭头和符号的样式，包括箭头、圆心标记、折断标注、弧长符号等。

◆文字：用于设置标注文字的样式，包括文字样式、文字颜色、文字高度、文字位置等。

◆调整：用于设置标注文字、尺寸线、尺寸箭头等的位置。

◆主单位：用于设置主单位的显示格式，包括单位格式、精度、舍入、前缀、后缀等。

◆换算单位：用于设置换算单位的显示格式，包括单位格式、精度、换算单位倍数等。

◆公差：用于设置公差的显示格式，包括方式、精度、上偏差、下偏差等。

用户可以根据具体的绘图要求，在这些选项卡中进行设置和调整，以满足不同的标注的外观和格式要求。

4.3 尺寸标注

尺寸标注通常包括线性标注、角度标注、半径标注、直径标注等。AutoCAD 提供了丰富的尺寸标注工具和选项，用户可以根据需要选择适合的标注类型。下面将介绍几种常用的标注类型的使用方法。

4.3.1 线性标注

线性标注用于标注直线、线段等线性元素的长度或距离。线性标注的方法有以下几种：

菜单栏：在菜单栏中，单击【标注】菜单，在其下拉列表中选择【线性】命令。

功能区：在功能区中，单击【默认】选项卡下【注释】面板中的【■■】按钮。

命令行：

1️⃣ 在命令行中输入"DIMLINEAR"命令并按【Enter】键。

2️⃣ 命令行提示如下：

> 命令：DIMLINEAR
>
> DIMLINEAR 指定第一个尺寸界线原点或 < 选择对象 >：// 指定线性标注的起点，如图 4-10 所示

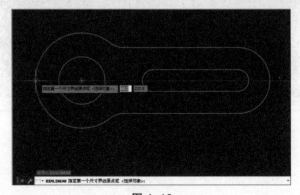

图 4-10

DIMLINEAR 指定第二条尺寸界线原点：// 指定线性标注的终点，如图
4-11 所示
DIMLINEAR[多行文字 (M) 文字 (T) 角度 (A) 水平 (H) 垂直 (V) 旋转 (R)]:
// 指定尺寸线的位置，如图 4-12 所示

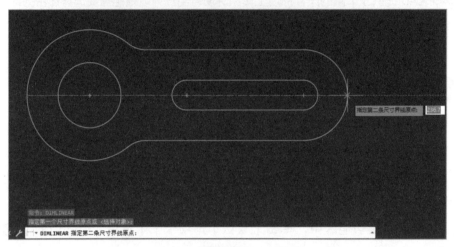

图 4-11

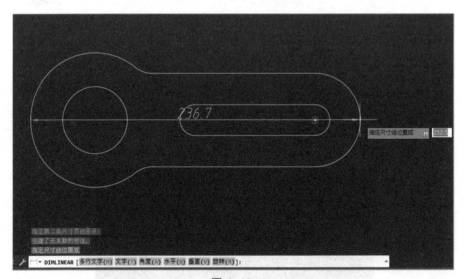

图 4-12

3　添加的线性标注如图4-13所示。

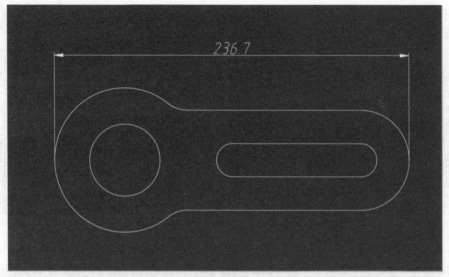

图 4-13

4.3.2　角度标注

角度标注用于标注两条成一定角度的直线之间的夹角的度数。角度标注的方法有以下几种:

菜单栏:在菜单栏中,执行【标注】→【角度】命令。

功能区:在功能区中,单击【默认】选项卡下【注释】面板中的【角度】按钮。

命令行:

1️⃣　在命令行中输入"DIMANGULAR"命令并按【Enter】键。

2️⃣　命令行提示如下:

> 命令: DIMANGULAR
>
> DIMANGULAR 选择圆弧、圆、直线或 < 指定顶点 >: //选择第一条边,如图 4-14 所示
>
> DIMANGULAR 选择第二条直线: //选择第二条边,如图 4-15 所示
>
> DIMANGULAR 指定标注弧线位置或 [多行文字 (M) 文字 (T) 角度 (A) 象限点 (Q)]: //指定标注位置,如图 4-16 所示

3️⃣　添加的角度标注如图4-17所示。

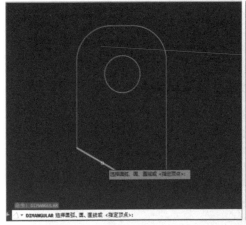

图 4-14

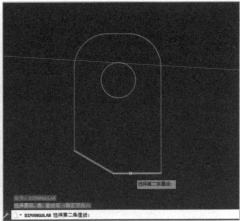

图 4-15

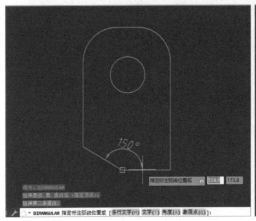

图 4-16

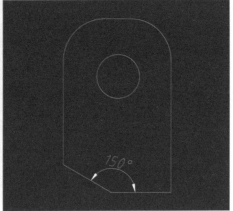

图 4-17

4.3.3 半径标注

半径标注用于标注圆、弧、圆弧等圆形元素的半径。半径标注的方法有以下几种：

菜单栏：在菜单栏中，执行【标注】→【半径】命令。

功能区：在功能区中，单击【默认】选项卡下【注释】面板中的【　半径】按钮。

命令行：

1 在命令行中输入"DIMRADIUS"命令并按【Enter】键。

2 命令行提示如下：

> 命令：DIMRADIUS
>
> DIMRADIUS 选择圆弧或圆: //选中需要标注半径的圆并按【Enter】键，如图 4–18 所示
>
> DIMRADIUS 指定尺寸线位置或 [多行文字 (M) 文字 (T) 角度 (A)]: // 在圆内侧或外侧的合适位置放置尺寸线，如图 4–19 所示

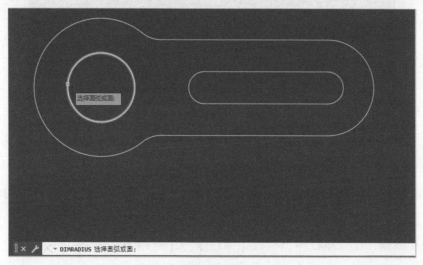

图 4–18

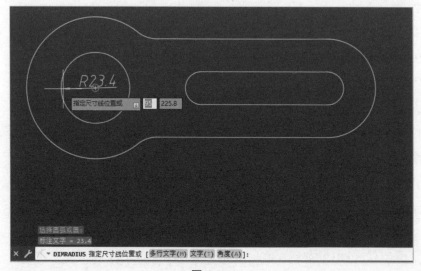

图 4–19

3 添加的半径标注如图4-20所示。

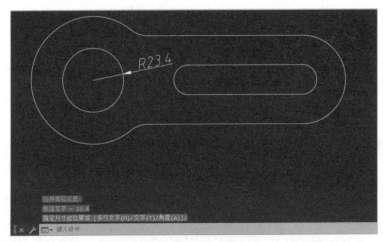

图 4-20

4.3.4 基线标注

基线标注用于以同一尺寸界线为基准，连续对多个对象添加尺寸标注。基线标注的方法有以下几种：

菜单栏：在菜单栏中，执行【标注】→【基线】命令。

功能区：在命令行中，单击【注释】选项卡下【标注】面板中的【 ▭ 基线 】按钮。

命令行：

1 在命令行中输入"DIMBASELINE"命令并按【Enter】键。

2 命令行提示如下：

命令：DIMBASELINE

DIMBASELINE 指定第二个尺寸界线原点或[选择(S)放弃(U)]<选择>：
// 指定基线标注的下一点，系统自动生成标注，如图 4-21 所示

DIMBASELINE 指定第二个尺寸界线原点或[选择(S)放弃(U)]<选择>：
// 指定基线标注的下一点，系统生成标注，如图 4-22 所示

DIMBASELINE 指定第二个尺寸界线原点或[选择(S)放弃(U)]<选择>：
// 指定基线标注的下一点，系统生成标注，按【Enter】键完成标注，
如图 4-23 所示

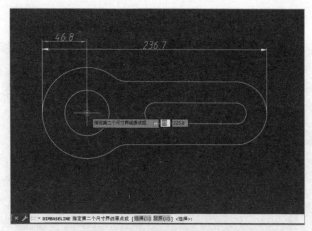

图 4-21

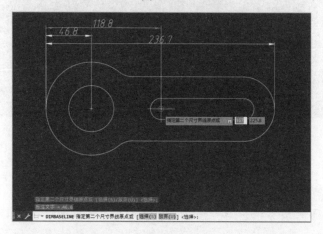

图 4-22

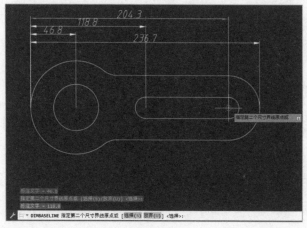

图 4-23

③ 添加的基线标注如图4-24所示。

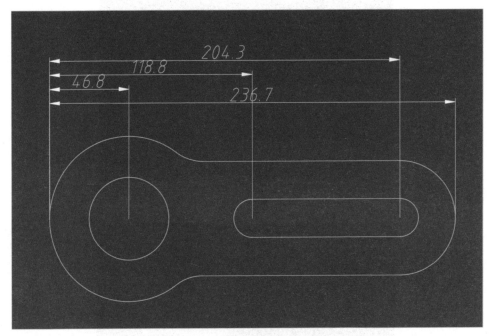

图 4-24

在使用基线标注命令时，AutoCAD 会自动以上次标注的尺寸为基线，让用户直接指定第二个尺寸界线的终点。如果图形中没有添加过任何标注，那么用户则无法进行基线标注，同时命令窗口中会提示"需要线性、坐标或角度关联标注"。

4.3.5 快速引线标注

快速引线标注用于快速添加引线及标注，并且用户可以对引线及标注进行设置和调整。快速引线的方式只有一种，操作步骤如下：

① 在命令行中输入"QLEADER"或"LE"命令并按【Enter】键。

② 命令行提示如下：

命令：QLEADER

QLEADER 指定第一个引线点或 [设置 (S)]< 设置 >：// 指定引线起点，即箭头位置，如图 4-25 所示

QLEADER 指定下一点：// 指定引线的转折点位置，如图 4-26 所示

QLEADER 指定下一点：// 指定标注内容的位置，如图 4-27 所示

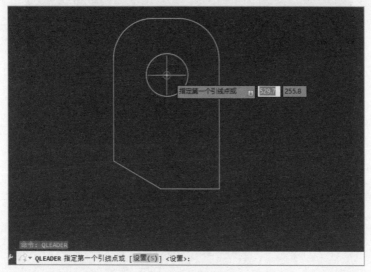

图 4-25

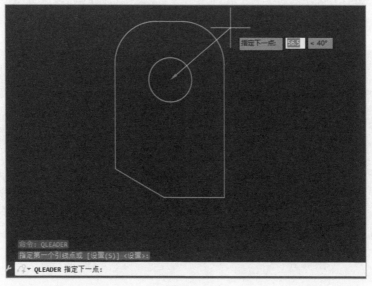

图 4-26

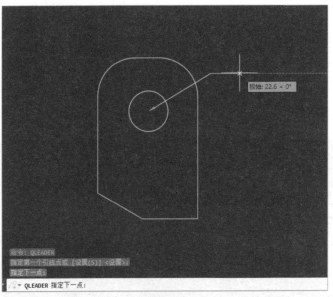

图 4-27

QLEADER 指定文字宽度 <0>: // 输入文本宽度（不输入内容则保持默认宽度），如图 4-28 所示

QLEADER 输入注释文字的第一行 < 多行文字 (M)>: // 输入文本内容，如图 4-29 所示

QLEADER 输入注释文字的下一行: // 指定下一行内容或按【Enter】键，如图 4-30 所示

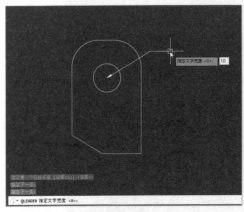

图 4-28

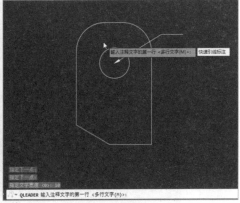

图 4-29

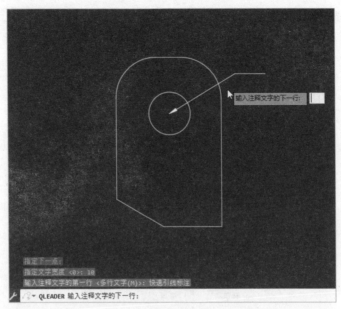

图 4-30

3 添加的快速引线标注如图4-31所示。

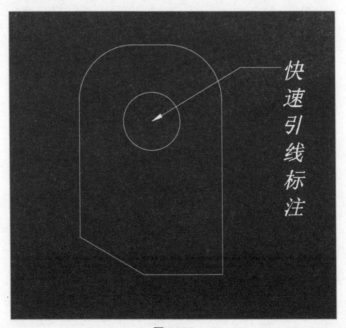

图 4-31

如果想要对快速引线标注进行设置，则应该在"指定第一个引线点或【设置（S）】"命令中选择【设置（S）】选项，系统会弹出【引线设置】对话框，如图 4-32 所示。用户可以在其中对引线的注释、引线和箭头、附着等参数进行设置。

图 4-32

Chapter

05

第 5 章
三维绘图
基础知识

二维坐标系统适用于描述平面上的图形和对象，而三维坐标系统适用于描述三维空间中的图形和对象。在三维空间中进行绘制和设计的方法比二维空间中更加复杂，为了更深入地掌握三维图形绘制技巧，必须先学习三维造型的基础知识。通过学习本章，用户可以快速了解三维绘图的相关知识（从本章开始，图形绘制都默认在三维操作空间中进行）。

学习要点：★学会创建三维坐标系

★认识3种观察模式

★学会使用视图控制器

★学会绘制基本三维图形

★学会绘制基本三维图元

5.1 三维坐标系统

使用三维坐标系统可以更准确地定位和描述对象在空间中的位置和属性，从而在三维空间中进行绘图和设计。下面将介绍三维坐标系统的相关知识。

5.1.1 右手法则与三维坐标系

（1）右手法则

右手法则是一种简单而实用的规则，常用于在三维空间中确定方向。用户只需要伸出右手就能快速确定所需要的坐标信息。

伸出右手，将拇指指向 X 轴的正方向，食指伸直，指向 Y 轴的正方向，中指指向垂直于掌心的方向，此时中指的方向就表示了 Z 轴的正方向，如图 5-1（左）所示。

在 AutoCAD 中，还可以使用右手法则确定正的旋转方向。把拇指放到要绕其旋转的轴的正方向，向手掌内弯曲中指、无名指和小拇指，这三根手指弯曲的方向就是正的旋转方向，如图 5-1（右）所示。

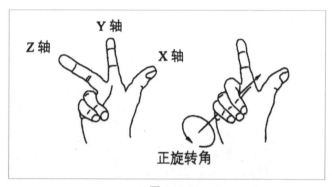

图 5-1

（2）三维坐标系

在三维坐标系中，输入坐标时可采用绝对坐标和相对坐标两种格式。

◆绝对坐标：指在三维空间中的一个固定点的坐标值，绝对坐标是相对于坐标系原点的位置而言，格式为 (X<Y<Z)，分别代表了点在 X 轴、Y 轴和 Z 轴上的位置。

◆相对坐标：指以某一点 A 为基准，另一点 B 相对于点 A 的坐标值。相对坐标的格式为 (@X<@Y,@Z)，其中 @ 符号表示相对位移。例如，如果点 A 的坐标是 (5<3<2)，点 B 的坐标是 (7,2<5)，那么点 B 相对于点 A 的坐标就是 (@2,@−1<@3)，表示点 B 在 X 轴正方向上与点 A 相距 2 个单位，在 Y 轴负方向上与点 A 相距 1 个单位，在 Z 轴正方向上与点 A 相距 3 个单位，如图 5−2 所示。

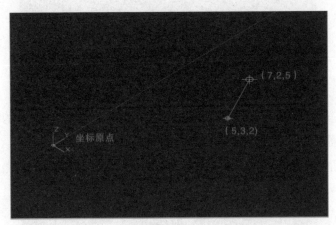

图 5−2

选择使用绝对坐标还是相对坐标，取决于具体的需求和操作。绝对坐标适用于直接指定点的精确位置，而相对坐标适用于基于当前位置进行相对位移的操作。用户可以根据实际需要灵活使用这两种坐标格式。

在三维坐标系中，可以使用柱坐标和球坐标来定义点的位置。

1）柱坐标。

柱坐标是通过距离、角度和高度三个值来描述点的位置，由点在 XY 平面的投影点到 Z 轴的距离、点与坐标原点的连线在 XY 平面的投影与 X 轴的夹角、点沿 Z 轴与坐标原点的距离来定义。举例如下：

◆绝对柱坐标 (20<45,30)：点在 XY 平面的投影点与 Z 轴的距离为 20，点与坐标原点的连线在 XY 平面中的投影与 X 轴的角度为 45°，点沿 Z 轴与

坐标原点距离为 30，如图 5-3 所示。

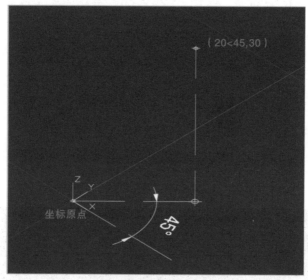

图 5-3

◆相对柱坐标 (@20<45,30)：点 B(@20<45,30) 在 *XY* 平面的投影点与点 A 在 *XY* 平面的投影点的距离为 20，点 B 与坐标原点的连线在 *XY* 平面中的投影与 *X* 轴的角度为 45°，点 B 在 *Z* 轴上与坐标原点距离为 30，如图 5-4 所示。

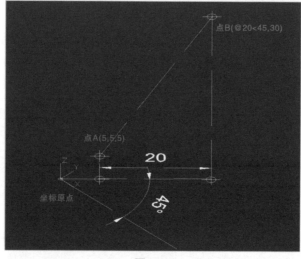

图 5-4

2）球坐标。

球坐标是通过距离、极角和方位角来描述点的位置，由点到原点的距离、点与坐标原点的连线在 XY 平面内的投影与 X 轴的夹角、点与坐标原点的连线与 XY 平面的夹角来定义。举例如下：

◆绝对球坐标 (20<45<50)：点相对于原点的距离为 20，点的投影在 XY 平面上与坐标原点的连线与 X 轴的夹角为 45°，点与坐标原点连线与点的投影在 XY 平面上与坐标原点的连线的夹角为 50°，如图 5-5 所示。

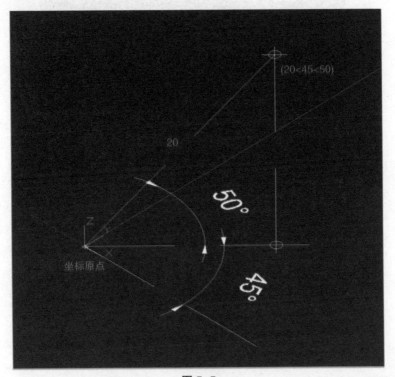

图 5-5

◆相对球坐标 (@20<45<50)：点 B(@20<45<50) 相对于点 A 的直线距离为 20，点 B 的投影在 XY 平面上与坐标原点的连线与 X 轴的夹角为 45°，点 B 与坐标原点连线与点的投影在 XY 平面上与坐标原点的连线的夹角为 50°，如图 5-6 所示。

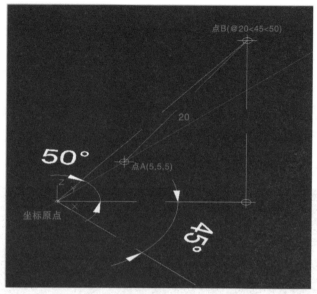

图 5-6

在绘图过程中，输入坐标时，很多用户都发现自己输入的坐标中明明没有相对坐标符号"@"，但 AutoCAD 还是将其判定为相对坐标，导致绘图出现偏差。这是因为 AutoCAD 默认开启了"动态输入"功能，此时用户可以在状态栏中单击【 】按钮，或者直接按【F12】键关闭该功能。

5.1.2 创建三维坐标系

在利用 AutoCAD 进行三维绘图或设计时，有时会需要创建新的坐标系以取代原有的坐标系，创建三维坐标系的方法有以下几种：

菜单栏：在菜单栏中，单击【工具】菜单，在其下拉列表中选择【新建UCS】命令，在其子列表中选择【世界】命令。

功能区：在功能区中，单击【默认】选项卡下【坐标】面板中的【 】按钮。

命令行：

1 在命令行中输入"UCS"命令并按【Enter】键。

2 命令行提示如下：

> 命令：UCS
> UCS 指定 UCS 的原点或 [面 (F) 命名 (NA) 对象 (OB) 上一个 (P) 视图 (V) 世界 (W)X Y Z Z 轴 (ZA)]< 世界 >: //在绘图区指定新坐标系的原点即可，如图 5–7 所示

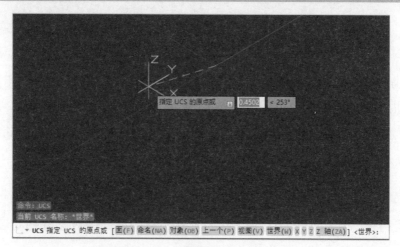

图 5–7

命令中各选项说明如下：

◆面（F）：将 UCS 与三维实体的选定面对齐。

◆命名（NA）：为新建的 UCS 指定一个名称。

◆对象（OB）：根据选定三维对象定义新的坐标系（该选项不能用于下列对象：三维多段线、三维网格和构造线）。

◆上一个（P）：使用上一个创建的用户坐标系作为新创建的用户坐标系的基准。

◆视图（V）：以垂直于观察方向（平行于屏幕）的平面为 XY 平面，建立新的坐标系。UCS 原点保持不变。

◆世界（W）：将当前用户坐标系设置为世界坐标系。WCS 是所有用户坐标系基准，不能被重新定义。

◆ X Y Z：绕指定轴旋转当前 UCS。

◆ Z 轴（ZA）：用指定的 Z 轴正半轴定义 UCS。

5.2 观察模式

观察模式是用于控制和改变绘图视图显示方式的功能。用户可以利用动态观察、控制盘、视图控制器等功能改变视图的外观和呈现方式，以提供更好的可视化效果或满足特定的绘图需求。

5.2.1 动态观察

AutoCAD 2024 提供了具有交互控制功能的三维动态观测器，用户利用三维动态观测器可以实时地控制和改变当前视口中创建的三维视图，以得到期望的效果。动态观察分为三类，分别是受约束的动态观察、自由动态观察和连续动态观察。

（1）受约束的动态观察

受约束的动态观察是指沿 XY 平面或 Z 轴约束三维对象进行动态观察。执行该命令的方式有以下几种：

菜单栏：在菜单栏中，执行【视图】→【动态观察】→【受约束的动态观察】命令。

功能区：在功能区中，依次单击【视图】→【导航】→【 动态观察 】按钮。

命令行：在命令行中输入"3DORBIT"命令并按【Enter】键。

交互式三维视图：在交互式三维视图的视口中单击鼠标右键，在弹出的快捷菜单中选择【其他导航模式】命令，在其子列表中选择【受约束的动态观察】命令，如图 5-8 所示。

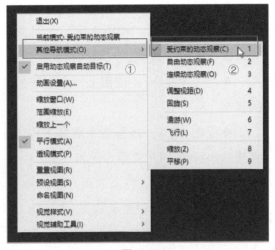

图 5-8

执行该命令后，视图的目标保持静止，而视点围绕目标移动。但是，从用户的视角来看，就像三维模型正在随着鼠标指针的移动而旋转，用户可用此方式指定模型的任意视图。如果水平拖曳鼠标，相机将沿平行于世界坐标系（WCS）的 XY 平面移动，如图 5-9 所示；如果垂直拖曳鼠标，相机将沿 Z 轴移动，如图 5-10 所示。

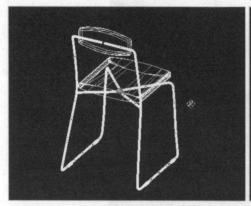

图 5-9

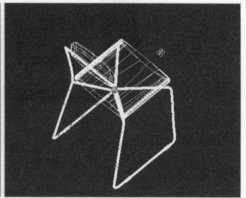

图 5-10

当【受约束的动态观察】命令正在执行时，编辑功能会被禁用。如果想对图形进行编辑，需要按下【Esc】键或单击鼠标右键，以退出【受约束的动态观察】命令。

（2）自由动态观察

自由动态观察是指使观察点绕对象进行任意角度的旋转，而不受任何约束的限制。执行该命令的方式有以下几种：

菜单栏：在菜单栏中，执行【视图】→【动态观察】→【自由动态观察】命令。

功能区：在功能区中，依次单击【视图】→【导航】→【🔵自由动态观察】按钮。

命令行：在命令行中输入"3DFORBIT"命令并按【Enter】键。

交互式三维视图：在交互式三维视图的视口中单击鼠标右键，在弹出的快捷菜单中选择【其他导航模式】命令，在其子列表中选择【自由动态观察】

命令，如图 5-11 所示。

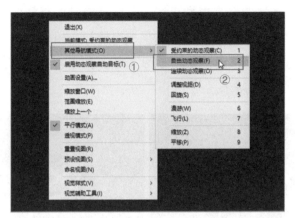

图 5-11

执行上述操作后，在当前视口出现一个绿色的大圆，在大圆上有四个绿色的小圆，如图 5-12 所示。此时通过拖曳鼠标即可对视图进行旋转观察。

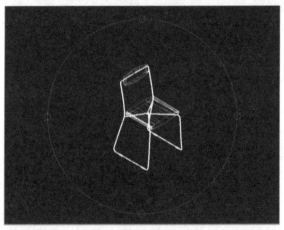

图 5-12

在自由动态观察模式下，用户可以拖动鼠标移动视角，当鼠标指针在绿色大圆的不同位置进行拖曳时，鼠标指针呈现不同的表现形式，视图的旋转方向也不同。视图的旋转方向由鼠标指针的位置决定。

（3）连续动态观察

连续动态观察是指用户拖动一次鼠标后，图形会自动连续旋转。执行该命令的方式有以下几种：

菜单栏：在菜单栏中，执行【视图】→【动态观察】→【连续动态观察】命令。

功能区：在功能区中，依次单击【视图】→【导航】→【连续动态观察】按钮。

命令行：在命令行中输入"3DCORBIT"命令并按【Enter】键。

交互式三维视图：在交互式三维视图的视口中单击鼠标右键，在弹出的快捷菜单中选择【其他导航模式】命令，在其子列表中选择【连续动态观察】命令，如图5-13所示。

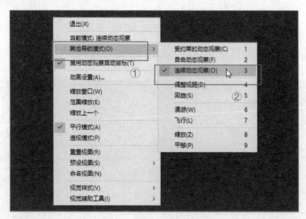

图 5-13

执行上述操作后，绘图区出现动态观察图标，按住鼠标拖曳一段距离后放开，图形会自动按鼠标拖动的方向旋转，旋转速度为鼠标拖曳的速度，如图5-14所示。

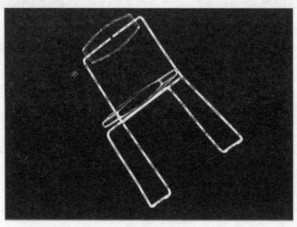

图 5-14

5.2.2 视图控制器

视图控制器（ViewCube）是一种用于控制和导航视图的交互工具，位于绘图区的右上角，如图 5-15 所示。视图控制器以立方体的形式显示，立方体的 6 个面分别标有"上""下""左""右""前""后"，立方体底部还有一个标有"东""南""西""北"的光圈。

通过单击视图控制器的面、棱或顶点，用户可以快速将图形切换到对应的视图，例如"上"代表俯视图，"前"代表主视图，"左"代表左视图等。用户还可以通过拖动视图控制器来旋转和倾斜视图。单击控制器左上角的【小房子】按钮，系统会自动返回西南等轴测视图。

图 5-15

如果 AutoCAD 中没有显示视图控制器，用户可以手动将其开启，只需在命令行中输入"NAVVCUBE"命令并按【Enter】键即可。

命令行提示如下：

命令：NAVVCUBE
NAVVCUBE输入选项[开(ON)关(OFF)设置(S)]<ON>: //单击【开(ON)】选项或输入"ON"

5.3 绘制基本三维图形

二维绘图是在二维平面上进行，可以看作在水平和垂直方向上进行绘图。而三维空间比二维平面多了 Z 轴，因此，三维绘图包含高度、深度或宽度等维度。基本三维图形包括三维面、三维网格、三维螺旋线等。下面将介绍这些图形的画法。

5.3.1 绘制三维面

三维面是指以空间三个点或四个点组成的一个面，可以通过任意指定三点或四点来绘制三维面。绘制三维面的操作步骤如下：

1 在菜单栏中，执行【绘图】→【建模】→【网格】→【三维面】命令。或者在命令行中输入"3DFACE"命令并按【Enter】键。

2 命令行提示如下：

命令：3DFACE
3DFACE 指定第一点或 [不可见 (I)]: // 在命令行输入第一点的绝对坐标，如图 5-16 所示

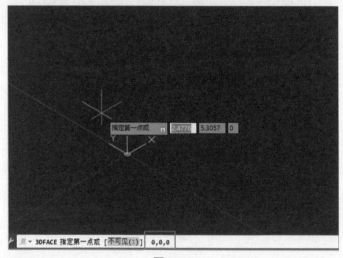

图 5-16

3DFACE 指定第二点或 [不可见 (I)]: // 在命令行输入第二点的绝对坐标，如图 5-17 所示

3DFACE 指定第三点或 [不可见 (I)]< 退出 >: // 在命令行输入第三点的绝对坐标，如图 5-18 所示

3DFACE 指定第四点或 [不可见 (I)]< 创建三侧面 >: // 在命令行输入第四点的绝对坐标，并按【Enter】键，如图 5-19 所示

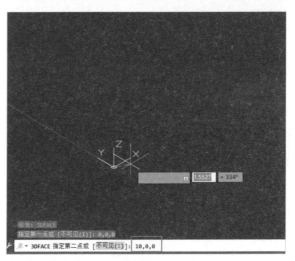

图 5-17

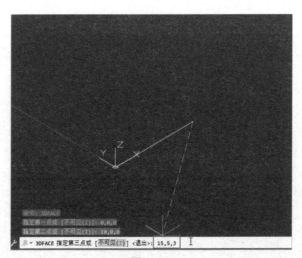

图 5-18

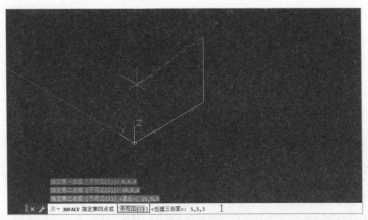

图 5-19

③ 绘制完成的三维面如图5-20所示，其左前视图如图5-21所示。

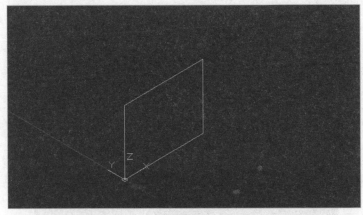

图 5-20

图 5-21

命令中各选项说明如下：

◆不可见（I）：控制三维面各边的可见性，如果在输入某一边之前选择该选项，则可以使该边不可见。

5.3.2 绘制多边网格面

多边网格面是由多个边构成的面，可以通过连接和组合多个多边网格面来构建立体模型，或者用于表示复杂的曲面和形状，因此在三维建模中被广泛使用。绘制多边网格面的操作步骤如下：

1️⃣ 在命令行中输入"PFACE"命令并按【Enter】键。

2️⃣ 命令行提示如下：

> 命令：PFACE
> PFACE 为顶点 1 指定位置：// 输入顶点 1 的坐标，如图 5-22 所示
> PFACE 为顶点 2 或 < 定义面 > 指定位置：// 输入顶点 2 的坐标，如图 5-23 所示
> PFACE 为顶点 3 或 < 定义面 > 指定位置：// 输入顶点 3 的坐标，如图 5-24 所示
> ……
> PFACE 指定顶点 n 的位置或 < 定义面 >：// 输入顶点 n 的坐标

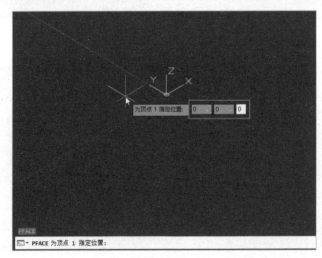

图 5-22

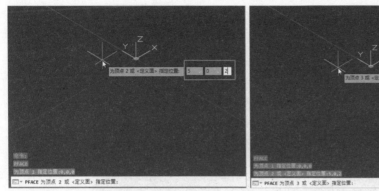

图 5-23　　　　　　　　　　　　　图 5-24

3 在输入最后一个顶点的坐标后，按下【Enter】键，命令行提示如下：

PFACE 输入顶点编号或 [颜色 (C) 图层 (L)]：// 根据提示依次输入顶点编号，输入完毕后按下【Enter】键，如图 5-25 所示

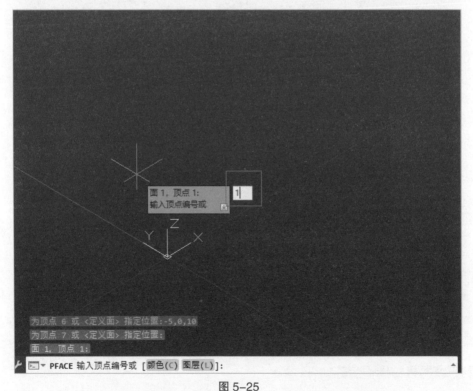

图 5-25

4 绘制完成的多边网格面如图5-26所示。其俯视图如图5-27所示。

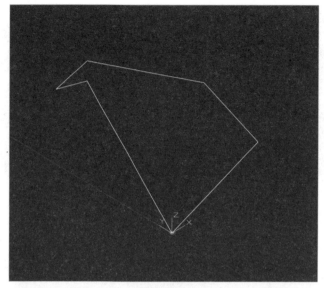

图 5-26

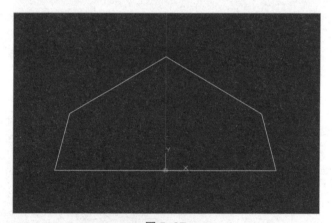

图 5-27

5.3.3 绘制三维网格

网格是由许多小的三角形或四边形面组成的表面网格。在 AutoCAD 中，可以指定多个点来组成三维网格，这些点按指定顺序来确定其空间位置。绘制三维网格的操作步骤如下：

1 在命令行中输入"3DMESH"命令并按【Enter】键。

2 命令行提示如下：

命令：3DMESH

3DMESH 输入 M 方向上的网格数量：// 输入水平方向的网格数量，即
行数，如图 5-28 所示

3DMESH 输入 N 方向上的网格数量：// 输入垂直方向的网格数量，即
列数，如图 5-29 所示

3DMESH 为顶点 (0,0) 指定位置：// 输入第一行第一列的顶点坐标，如
图 5-30 所示

3DMESH 为顶点 (0,1) 指定位置：// 输入第一行第二列的顶点坐标，如
图 5-31 所示

3DMESH 为顶点 (0,2) 指定位置：// 输入第一行第三列的顶点坐标，如
图 5-32 所示

……

3DMESH 为顶点 (1,0) 指定位置：// 输入第二行第一列的顶点坐标

3DMESH 为顶点 (1,1) 指定位置：// 输入第二行第二列的顶点坐标

3DMESH 为顶点 (1,2) 指定位置：// 输入第二行第二列的顶点坐标

……

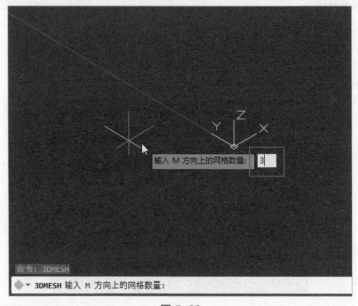

图 5-28

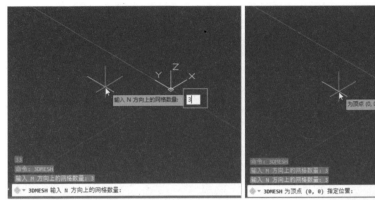

图 5-29   图 5-30

图 5-31   图 5-32

3　所有顶点坐标输入完成后，按下【Enter】键，三维网格表面会自动生成，如图5-33所示。其俯视图如图5-34所示。

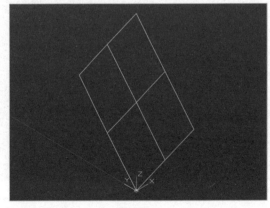

图 5-33

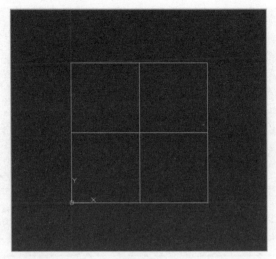

图 5-34

5.3.4　绘制三维螺旋线

三维螺旋线是一种在三维空间中呈螺旋状延伸同时绕着轴旋转的曲线。绘制三维螺旋线的操作步骤如下：

1　在菜单栏中，执行【绘图】→【螺旋】命令。或者在命令行中输入
　　"HELIX"命令并按【Enter】键。

2　命令行提示如下：

> 命令：HELIX
>
> HELIX 指定底面的中心点：// 指定螺旋线底面的中心点（该底面与当前
> UCS 或动态 UCS 的 XY 面平行），如图 5-35 所示
>
> HELIX 指定底面半径或 [直径 (D)]<1.0000>：// 用鼠标指定或输入螺旋
> 线的底面半径，如图 5-36 所示
>
> HELIX 指定顶面半径或 [直径 (D)]<2.5000>：// 用鼠标指定或输入螺旋
> 线的顶面半径，如图 5-37 所示
>
> HELIX 指定螺旋高度或 [轴端点 (A) 圈数 (T) 圈高 (H) 扭曲 (W)]<1.0000>：
> // 用鼠标指定或输入螺旋线的高度，如图 5-38 所示

3　绘制完成的三维螺旋线如图5-39所示。

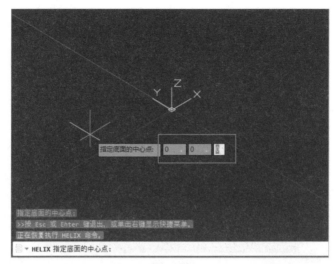

图 5-35

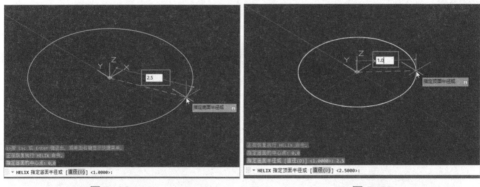

图 5-36　　　　　　　　　　　　　　图 5-37

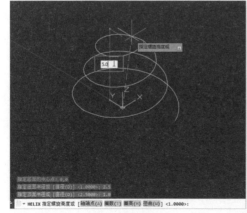

图 5-38　　　　　　　　　　　　　　图 5-39

命令中各选项说明如下：

◆轴端点（A）：确定螺旋线轴的另一端点位置。指定轴端点后，所绘螺旋线的轴线连接着螺旋线底面中心点与轴端点，使得螺旋线底面可以不再与UCS 的 *XY* 面平行。

◆圈数（T）：设置螺旋线的圈数（默认值为 3，最大值为 500 ）。

◆圈高（H）：指定螺旋线一圈的高度（即圈间距）。

◆扭曲（W）：确定螺旋线的旋转方向（即旋向）。

> 在创建复杂的模型时，一个文件中往往存在多个三维图形，以至于无法观察被遮挡的实体，此时可以在命令行中输入"HIDEOBJECTS"（隐藏对象）命令，选中当前不需要操作的三维图形，将其隐藏起来。等所有编辑操作完成后，再执行"SHOWALL"（显示所有实体）命令把所有隐藏的实体显示出来。

5.4 利用网格绘制基本三维图元

立体图形可以由面构成，而网格面也可以构成立体图形。多个网格面可以组合在一起形成三维网格图形，如网格长方体、网格圆柱体和网格圆锥体等。下面将介绍基本利用网格绘制基本三维图元的绘制方法。

5.4.1　绘制网格长方体

绘制网格长方体的操作步骤如下：

1　在菜单栏中，执行【绘图】→【建模】→【网格】→【图元】→【长方体】命令。或者在命令行中输入"MESH"命令并按【Enter】键。

2　命令行提示如下：

命令：MESH

MESH 输入选项 [长方体 (B) 圆锥体 (C) 圆柱体 (CY) 棱锥体 (P) 球体 (S) 楔体 (W) 圆环体 (T) 设置 (SE)]< 长方体 >: // 单击【长方体 (B)】选项，如图 5–40 所示

MESH 指定第一个角点或 [中心 (C)]: // 输入第一个角点的坐标，如图 5–41 所示

MESH 指定其他角点或 [立方体 (C) 长度 (L)]: // 输入对角顶点的坐标，如图 5–42 所示

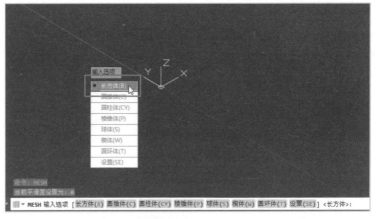

图 5–40

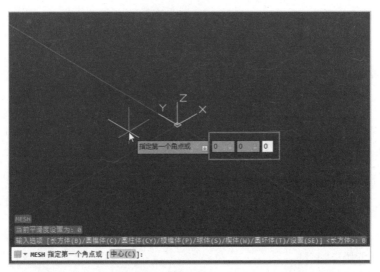

图 5–41

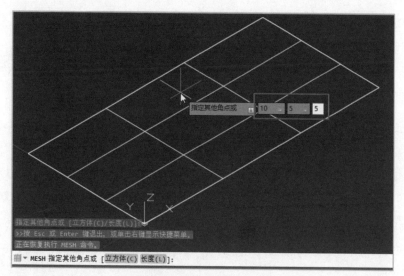

图 5-42

3 绘制完成的网格长方体如图5-43所示。

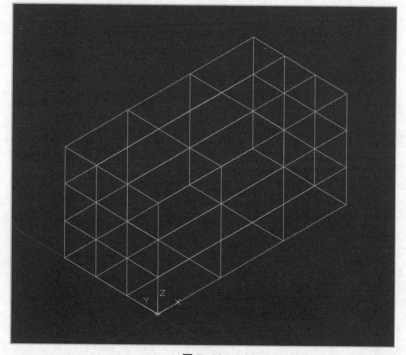

图 5-43

命令中各选项说明如下：

◆中心（C）：指定网格长方体的中心。

◆立方体（C）：将长方体所有边的长度设置为相等。

◆长度（L）：输入长方体长、宽、高的值。

实用贴士

　　网格（MESH）命令中的基本网格图元包括长方体、圆锥体、圆柱体、棱锥体等，网格图元是三维实体图元的等效形式。因此在创建这些三维实体时，用户可以利用"MESH"命令快速创建，并且可以通过指定网格的行数、列数和高度，创建不同密度和形状的网格，以满足特定的设计需求。

5.4.2　绘制网格圆锥体

绘制网格圆锥体的操作步骤如下：

1　在菜单栏中，执行【绘图】→【建模】→【网格】→【图元】→【圆锥体】命令。或者在命令行中输入"MESH"命令并按【Enter】键。

2　命令行提示如下：

命令：MESH

MESH 输入选项 [长方体 (B) 圆锥体 (C) 圆柱体 (CY) 棱锥体 (P) 球体 (S) 楔体 (W) 圆环体 (T) 设置 (SE)]< 长方体 >：// 选择【圆锥体 (C)】选项，如图 5-44 所示

MESH 指定底面的中心点或 [三点 (3P) 两点 (2P) 切点、切点、半径 (T) 椭圆 (E)]：// 输入底面中心点的坐标，如图 5-45 所示

MESH 指定底面半径或 [直径 (D)]：// 指定底面半径长度，如图 5-46 所示

MESH 指定高度或 [两点 (2P) 轴端点 (A) 顶面半径 (T)]<5.0000>：// 指定高度，如图 5-47 所示

3　绘制完成的网格圆锥体如图5-48所示。

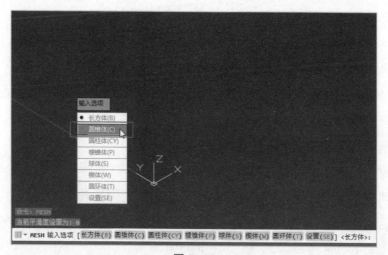

图 5-44

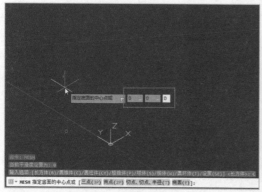

图 5-45

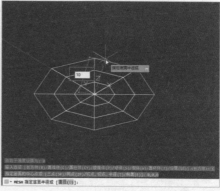

图 5-46

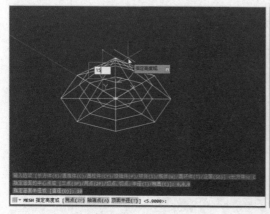

图 5-47

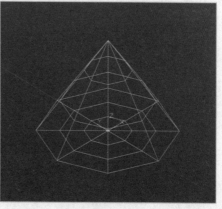

图 5-48

命令中各选项说明如下：

◆三点（3P）：通过指定三点设置网格圆锥体的位置、大小和平面。

◆两点（2P）：根据两点定义网格圆锥体的底面直径。

◆切点、切点、半径（T）：定义具有指定半径，且半径与两个对象相切的网格圆锥体的底面。

◆椭圆（E）：指定网格圆锥体的椭圆底面。

◆直径（D）：设置网格圆锥体的底面直径。

◆两点（2P）：通过指定两点之间的距离定义网格圆锥体的高度。

◆轴端点（A）：设置圆锥体顶点的位置，或圆锥体平截面顶面的中心位置。轴端点的方向可以为三维空间中的任意位置。

◆顶面半径（T）：指定创建圆锥体平截面时圆锥体的顶面半径。

其他基本三维网格图元如网格棱锥体、网格球体、网格楔体、网格圆环体等的绘制方法与网格圆锥体类似，这里不再赘述。

5.4.3 绘制网格圆柱体

绘制网格圆柱体的操作步骤如下：

1️⃣ 在菜单栏中，执行【绘图】→【建模】→【网格】→【图元】→【圆柱体】命令。或者在命令行中输入"MESH"命令并按【Enter】键。

2️⃣ 命令行提示如下：

> 命令：MESH
>
> MESH 输入选项 [长方体 (B) 圆锥体 (C) 圆柱体 (CY) 棱锥体 (P) 球体 (S) 楔体 (W) 圆环体 (T) 设置 (SE)]< 圆柱体 >：// 选择【圆柱体 (CY)】选项，如图 5-49 所示
>
> MESH 指定底面的中心点或 [三点 (3P) 两点 (2P) 切点、切点、半径 (T) 椭圆 (E)]：// 输入底面中心点的坐标，如图 5-50 所示
>
> MESH 指定底面半径或 [直径 (D)]<10.0000>：// 指定底面半径长度，如图 5-51 所示
>
> MESH 指定高度或 [两点 (2P) 轴端点 (A)]<15.0000>：// 指定高度，如图 5-52 所示

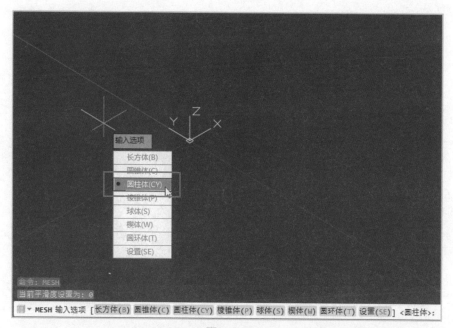

图 5-49

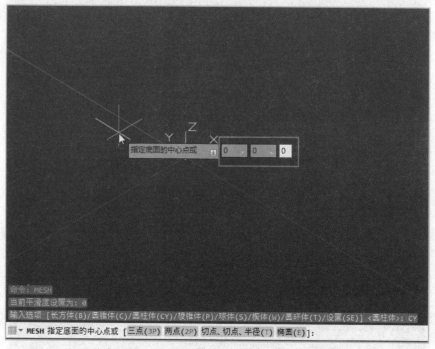

图 5-50

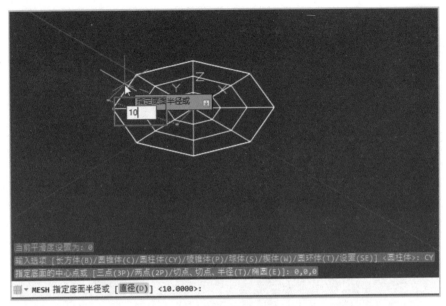

图 5-51

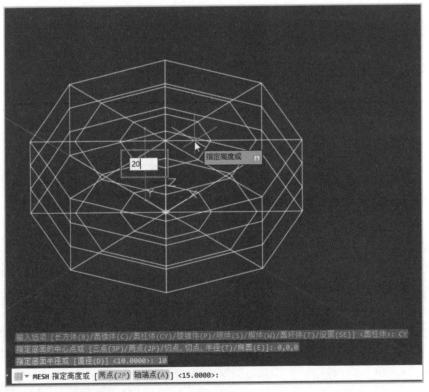

图 5-52

③ 绘制完成的网格圆柱体如图5-53所示。

图 5-53

命令中各选项说明如下：

◆三点（3P）：通过指定三点设置网格圆柱体的位置、大小和平面。

◆两点（2P）：通过指定两点定义网格圆柱体的底面直径。

◆切点、切点、半径（T）：定义具有指定半径，且半径与两个对象相切的网格圆柱体的底面。如果指定条件可以生成多种结果，则使用最近的切点。

◆椭圆（E）：指定网格圆柱体的椭圆底面。

◆直径（D）：指定网格圆柱体的底面直径。

◆两点（2P）：通过指定两点定义网格圆柱体的高度。

◆轴端点（A）：设置圆柱体顶面的位置。轴端点的方向可以为三维空间中的任意位置。

Chapter

06

第6章

绘制三维实体

 导读 ▷

绘制三维实体是AutoCAD的重要功能之一。通过使用AutoCAD的三维建模功能，用户可以将二维图形绘制成三维实体并展示在三维空间中，方便用户进行设计、观察及展示等。在AutoCAD中，用户可以轻松创建出多段体、长方体、圆柱体等立体图形。同时还可以利用布尔运算、拉伸、旋转、倒角等命令和工具构建复杂的三维实体。通过学习本章，用户将快速了解绘制三维实体的基本方法。

学习要点： ★掌握基本三维实体的创建方法
★学会利用布尔运算创建三维实体
★掌握通过二维图形生成三维实体的方法

6.1 创建基本三维实体

三维实体是在三维空间中，具有大小、尺寸、位置、形状等特征的几何模型。复杂的三维实体都是由最基本的实体单元（如长方体、圆柱体等）通过各种方式组合而成。AutoCAD 提供了创建三维实体的多种方法，下面将介绍基本三维实体单元的一些常用绘制方法。

6.1.1 绘制多段体

多段体是具有固定高度和宽度的直线段和曲线段的墙状实体，可以用来创建具有复杂形状的物体，例如围墙、管道、楼梯扶手等。绘制多段体的操作步骤如下：

1. 在菜单栏中，执行【绘图】→【建模】→【多段体】命令。或者在命令行中输入"POLYSOLID"命令并按【Enter】键。

2. 命令行提示如下：

命令：POLYSOLID
POLYSOLID 指定起点或 [对象 (O) 高度 (H) 宽度 (W) 对正 (J)]< 对象 >:
// 输入起点坐标，如图 6-1 所示

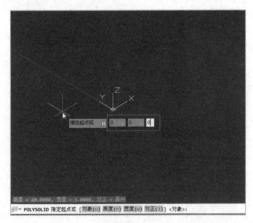

图 6-1

POLYSOLID 指定下一个点或 [圆弧 (A) 放弃 (U)]：// 输入下一个点的二维坐标，如图 6-2 所示

POLYSOLID 指定下一个点或 [圆弧 (A) 放弃 (U)]：// 输入下一个点的二维坐标，如图 6-3 所示

……

POLYSOLID 指定下一个点或 [圆弧 (A) 闭合 (C) 放弃 (U)]：// 输入最后一点的坐标后按下【Enter】键完成绘制

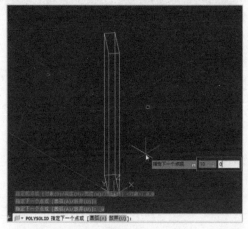

图 6-2

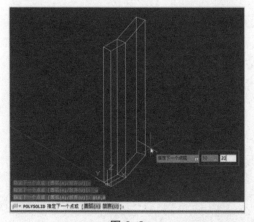

图 6-3

③ 绘制完成的多段体如图6-4所示。

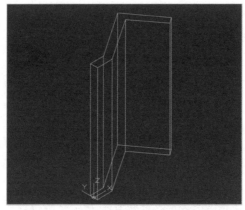

图 6-4

命令中各选项说明如下：

◆对象（O）：指定要转换为建模的对象。可以将直线、圆弧、二维多段线、圆等转换为多段体。多段体可以包含曲线线段，在默认的情况下，轮廓始终为矩形。

◆高度（H）：指定建模的高度。

◆宽度（W）：指定建模的宽度。

◆对正（J）：使用命令定义轮廓时，可以将建模的宽度和高度设置为左对正、右对正或居中，对正方式由轮廓的第一条线段的起始方向决定。

6.1.2 绘制长方体

长方体是一个具有长、宽和高的立方体或长方体形状，是三维绘图中常用的三维实体之一。绘制长方体的操作步骤如下：

1. 在菜单栏中，执行【绘图】→【建模】→【长方体】命令。或者在命令行中输入"BOX"命令并按【Enter】键。

2. 命令行提示如下：

> 命令：BOX
> BOX 指定第一个角点或 [中心 (C)]：// 输入第一个角点的坐标，如图 6-5 所示
> BOX 指定其他角点或 [立方体 (C) 长度 (L)]：// 输入第二个角点的二维坐标，如图 6-6 所示

BOX 指定高度或 [两点 (2P)]: // 输入高度，如图 6-7 所示

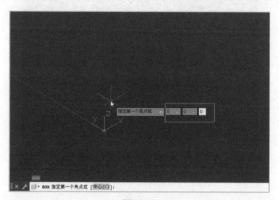

图 6-5

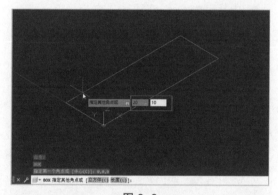

图 6-6

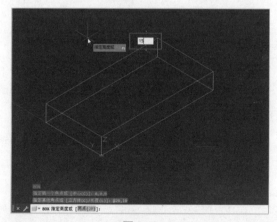

图 6-7

3　绘制完成的长方体如图6-8所示。

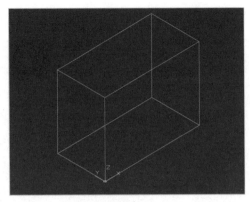

图 6-8

命令中各选项说明如下：

◆中心（C）：通过指定中心点创建长方体。

◆立方体（C）：创建一个长、宽、高相等的长方体。

◆长度（L）：输入长、宽、高的值。

实用贴士

在使用"BOX"命令绘制长方体时，如果选择【立方体（C）】或【长度（L）】选项，用户需要指定长度、宽度、高度分别与 X 轴、Y 轴、Z 轴对应，同时，用户也可以指定长方体在 XY 平面中的旋转角度。

6.1.3 绘制圆柱体

圆柱体是一个具有圆形底面柱形体，是三维绘图中常用的三维实体之一。绘制圆柱体的操作步骤如下：

1 在菜单栏中，执行【绘图】→【建模】→【圆柱体】命令。或者在命令行中输入"CYLINDER"命令并按【Enter】键。

2 命令行提示如下：

命令：CYLINDER
CYLINDER 指定底面的中心点或 [三点 (3P) 两点 (2P) 切点、切点、半径 (T) 椭圆 (E)]：// 输入底面圆心的坐标，如图 6-9 所示

CYLINDER 指定底面半或 [直径 (D)]：// 输入底面半径，如图 6-10 所示
CYLINDER 指定高度或 [两点 (2P) 轴端点 (A)]<15.0000>：// 输入高度，
如图 6-11 所示

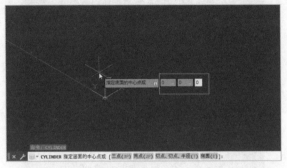

图 6-9

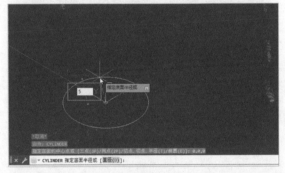

图 6-10

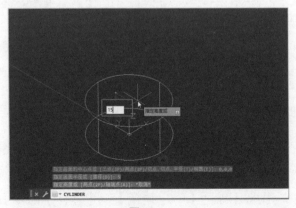

图 6-11

③ 创建完成的圆柱体如图6-12所示。

185

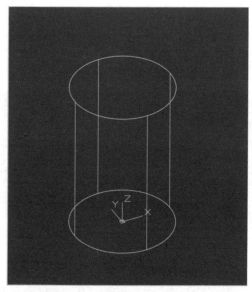

图 6-12

命令中各选项说明如下：

◆三点（3P）：通过确定底面上的三个点来创建圆柱体。

◆两点（2P）：通过确定直径的两个端点来创建圆柱体。

◆切点、切点、半径（T）：通过确定两个切点和一个半径来创建圆柱体。

◆椭圆（E）：通过创建椭圆形底面来创建圆柱体。

◆直径（D）：指定圆柱体的底面直径。

◆两点（2P）：通过指定一条与圆柱体底面圆心相连的轴线的另一个点确定圆柱体的高度。

◆轴端点（A）：通过指定一条轴线确定圆柱体的高度，圆柱体的位置和方向也会随轴线的移动而变化。

6.1.4 绘制球体

球体是一个具有球形表面的三维实体，也是三维绘图中常用的三维实体之一。绘制球体的操作步骤如下：

1 在菜单栏中，执行【绘图】→【建模】→【球体】命令。或者在命令行中输入 "SPHERE" 命令并按【Enter】键。

2 命令行提如下：

命令：SPHERE

SPHERE 指定中心点或 [三点 (3P) 两点 (2P) 切点、切点、半径 (T)]：//
输入球心的坐标，如图 6–13 所示

SPHERE 指定半径或 [直径 (D)]：// 输入球体的半径，如图 6–14 所示

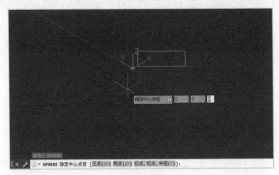

图 6–13

图 6–14

3　绘制完成的球体如图6–15所示。

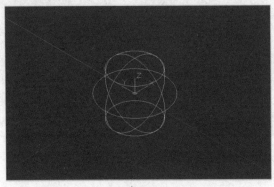

图 6–15

6.2 布尔运算

布尔运算是指通过对两个或多个实体进行逻辑运算来创建新的几何体。通过使用布尔运算，用户可以对几何体进行组合、修剪和修改，从而创建复杂的形状和结构。布尔运算包括并集、交集、差集，下面分别进行介绍。

6.2.1 并集

并集（UNION）是指将两个或多个实体合并为一个实体，形成它们的共同部分。并集操作会删除重叠的部分，并将剩余的部分组合成一个新的实体。操作步骤如下：

1 打开需要进行并集运算的两个三维实体，确保两者之间有重叠的部分。在功能区中依次单击【默认】→【编辑】→【并集】按钮（三维基础操作空间）；或依次单击【实体】→【布尔值】→【▣】按钮（三维建模操作空间）。或者在命令行中输入"UNION"命令并按【Enter】键，如图6-16所示。

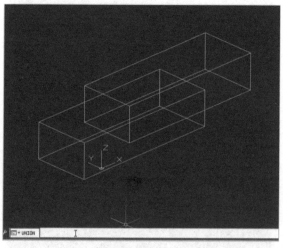

图 6-16

2 命令行提示如下：

命令：UNION

UNION 选择对象：// 依次选择两个三维实体，然后按下【Enter】键，
如图 6-17 所示

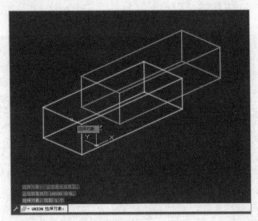

图 6-17

3 并集完成，再次选中任一实体，可以发现两者已经被合并成一个实体，
如图6-18所示。

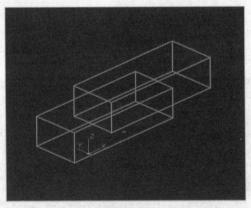

图 6-18

6.2.2 交集

交集（INTERSECT）是指仅保留两个或多个实体重叠的部分，删除其余
部分。交集操作会创建一个新的实体，该实体仅包含原实体重叠的区域。操
作步骤如下：

1 打开需要进行交集运算的两个三维实体，确保两者之间有重叠的部分。在功能区中依次单击【默认】→【编辑】→【交集】按钮（三维基础操作空间）；或依次单击【实体】→【布尔值】→【▣】按钮。或者在命令行中输入"INTERSECT"命令并按【Enter】键，如图6-19所示。

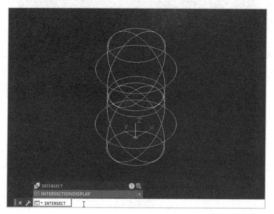

图 6-19

2 命令行提示如下：

命令：INTERSECT

INTERSECT 选择对象：// 依次选择两个三维实体，然后按下【Enter】键，如图 6-20 所示

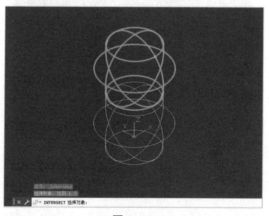

图 6-20

3 交集完成，再次选中任一实体，可以发现两者重叠的部分被保留，其余部分已经被删除，如图6-21所示。

图6-21

6.2.3 差集

差集（SUBTRACT）是指从一个实体中减去另一个实体。差集操作会从一个实体中删除与另一个实体重叠的部分，生成一个新的实体。操作步骤如下：

1 打开需要进行差集运算的两个三维实体，确保两者之间有重叠的部分。在功能区中依次单击【默认】→【编辑】→【差集】按钮（三维基础操作空间）；或依次单击【实体】→【布尔值】→【🔲】按钮。或者在命令行中输入"SUBTRACT"命令并按【Enter】键，如图6-22所示。

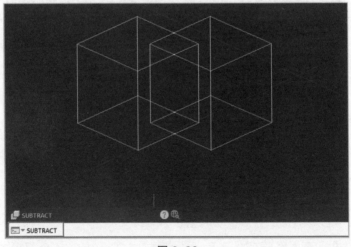

图6-22

2 命令行提示如下：

命令：SUBTRACT

SUBTRACT 选择对象：// 选择要从中减去的实体 A，然后按下【Enter】键，如图 6-23 所示

SUBTRACT 选择对象：// 选择要减去的实体 B，然后按下【Enter】键，如图 6-24 所示

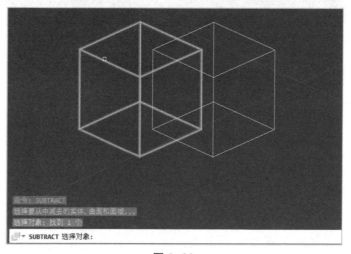

图 6-23

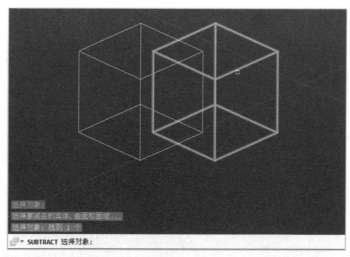

图 6-24

3 差集完成，可以发现实体B已经从实体A中被减去，其余部分成为一个新实体，如图6-25所示。

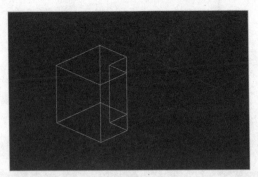

图 6-25

6.3 通过二维图形生成三维实体

在 AutoCAD 中，用户可以通过一些特定的操作，将二维图形转换为具有实体体积和形状的三维实体。常用操作包括拉伸、旋转、扫掠、放样和拖曳，下面分别进行介绍。

6.3.1 拉伸

拉伸（EXTRUDE）是指将一个封闭的二维图形，沿指定方向拉伸，将其转换为一个立方体或棱柱体。操作步骤如下：

1 在菜单栏中，执行【绘图】→【建模】→【拉伸】命令。或者在命令行中输入"EXTRUDE"命令并按【Enter】键，如图6-26所示。

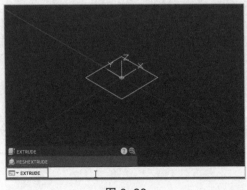

图 6-26

② 命令行提示如下：

命令：EXTRUDE

EXTRUDE 选择要拉伸的对象或 [模式 (MO)]：// 选择一个封闭的二维图形并按【Enter】键，如图 6-27 所示

EXTRUDE 指定拉伸的高度或 [方向 (D) 路径 (P) 倾斜角 (T) 表达式 (E)]：// 输入拉伸的高度，如图 6-28 所示

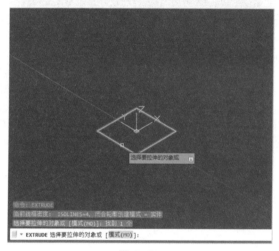

图 6-27

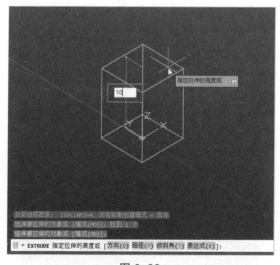

图 6-28

③ 拉伸完成的图像如图6-29所示。

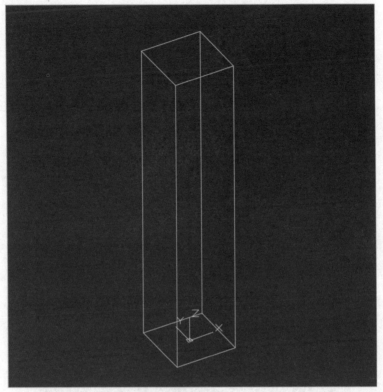

图 6-29

命令中各选项说明如下：

◆方向（D）：通过指定的两点确定拉伸的长度和方向。

◆路径（P）：以现有直线或曲线图形作为拉伸路径创建三维建模对象。

◆倾斜角（T）：用于指定拉伸的倾斜角度，即拉伸体在垂直方向上的倾斜程度。

◆表达式（E）：输入公式或方程式以指定拉伸高度。

实用贴士

由于拉伸（EXTRUDE）命令的本质是将二维对象沿指定路径拉伸成为三维对象，因此拉伸对象和拉伸路径必须是不在同一个平面上的两个对象。因此在执行拉伸操作前，必须确认拉伸对象和拉伸路径不在同一个平面上。

6.3.2 旋转

旋转（REVOLVE）是指将一个封闭的二维图形围绕某个轴转过一定角度，从而形成一个圆柱体或圆锥体。操作步骤如下：

1 在菜单栏中，执行【绘图】→【建模】→【旋转】命令。或者在命令行中输入"REVOLVE"命令并按【Enter】键，如图6-30所示。

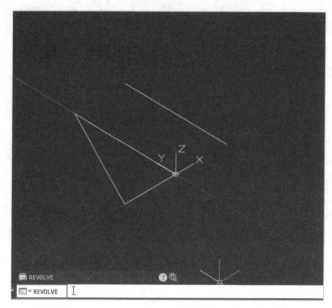

图 6-30

2 命令行提示如下：

命令：REVOLVE

REVOLVE 选择要旋转的对象或 [模式 (MO)]：// 选择一个封闭的二维图形并按【Enter】键，如图 6-31 所示

REVOLVE 指定轴起点或根据以下选项之一定义轴 [对象 (O)X Y Z]< 对象 >：// 选择【对象 (O)】选项或输入"O"，如图 6-32 所示

REVOLVE 选择对象：// 选择作为轴的图形并按【Enter】键，如图 6-33 所示

REVOLVE 指定旋转角度或 [起点角度 (ST) 反转 (R) 表达式 (EX)]<360>：// 输入旋转角度并按【Enter】键，如图 6-34 所示

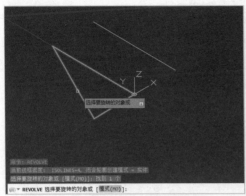

图 6-31　　　　　　　　　　　　　　　　　　　图 6-32

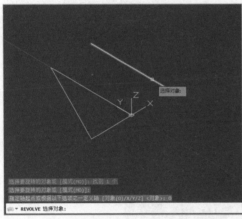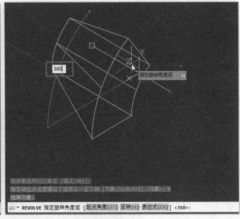

图 6-33　　　　　　　　　　　　　　　　　　　图 6-34

③　旋转完成的图形如图6-35所示。

图 6-35

命令中各选项说明如下：

◆对象（O）：选择已经绘制好的直线作为旋转轴。

◆XYZ：将二维对象绕当前坐标系（UCS）的X、Y或Z轴旋转。

◆起点角度（ST）：指定旋转轴线的起点和旋转的角度。

◆反转（R）：使对象按顺时针方向进行旋转。

◆表达式（EX）：输入公式或方程式以指定旋转角度。

6.3.3 扫掠

扫掠（SWEEP）是指选择一个封闭的二维图形作为横截面，将横截面沿着某个指定路径扫描过，从而形成三维实体，通常为螺旋体、管道等形状。操作步骤如下：

1 在菜单栏中，执行【绘图】→【建模】→【扫掠】命令。或在命令行中输入"SWEEP"命令并按【Enter】键，如图6-36所示。

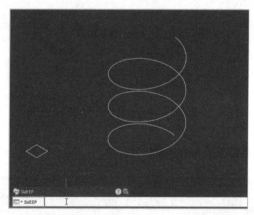

图 6-36

2 命令行提示如下：

命令：SWEEP

SWEEP 选择要扫掠的对象或 [模式 (MO)]： // 选择要扫掠的对象并按【Enter】键，如图 6-37 所示

SWEEP 选择扫掠路径或 [对齐 (A) 基点 (B) 比例 (S) 扭曲 (T)]： // 选择扫掠路径并按【Enter】键，如图 6-38 所示

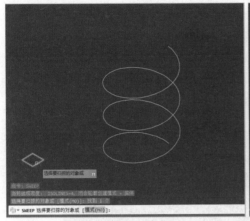

图 6-37

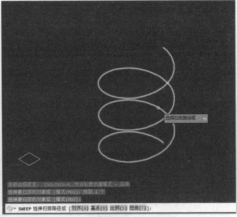

图 6-38

3 扫掠后的图形如图6-39所示。

图 6-39

命令中各选项说明如下：

◆模式（MO）：选定三维实体闭合轮廓的创建模式，有实体（SO）和曲面（SU）两种模式。

◆对齐（A）：指定扫掠时截面的对齐方式。

◆基点（B）：指定扫掠操作时截面的基点位置。

◆比例（S）：指定扫掠操作时截面的比例。

◆扭曲（T）：指定扫掠操作时截面的扭曲方式。

6.3.4 放样

放样（LOFT）是指选择两个或多个封闭的二维图形，并指定它们之间的过渡路径，将其之间的空间填充，形成一个平滑的过渡体。操作步骤如下：

1 在菜单栏中，执行【绘图】→【建模】→【放样】命令。或者在命令行中输入"LOFT"命令并按【Enter】键，如图6-40所示。

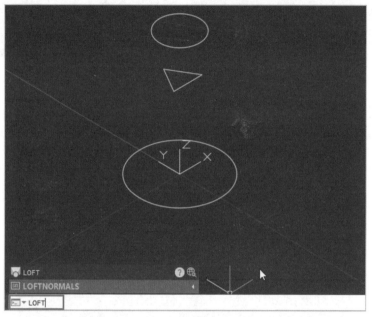

图 6-40

2 命令行提示如下：

> 命令：LOFT
>
> LOFT 按放样次序选择横截面或 [点 (PO) 合并多条边 (J) 模式 (MO)]：//选择第一个截面，如图 6-41 所示
>
> ……
>
> LOFT 按放样次序选择横截面或 [点 (PO) 合并多条边 (J) 模式 (MO)]：//选择最后一个截面并按【Enter】键，如图 6-42 所示
>
> LOFT 输入选项 [导向 (G) 路径 (P) 仅横截面 (C) 设置 (S)]< 仅横截面 >：//选择【仅横截面 (C)】选项，如图 6-43 所示

3 放样完成的图形如图6-44所示。

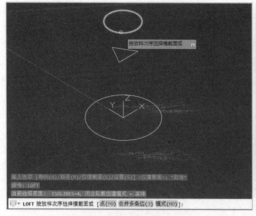

图 6-41　　　　　　　　　　　　　　　图 6-42

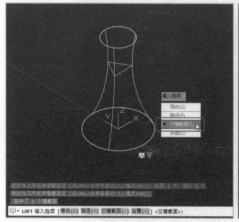

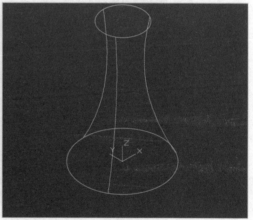

图 6-43　　　　　　　　　　　　　　　图 6-44

命令中各选项说明如下：

◆点（PO）：指定放样操作中的额外控制点。

◆合并多条边（J）：在放样操作中合并多个截面的边缘。

◆模式（MO）：选定三维实体闭合轮廓的创建模式，有实体（SO）和
曲面（SU）两种模式。

◆导向（G）：指定一条导向曲线来控制放样形状的曲线路径或方向。

◆路径（P）：指定放样操作中的路径曲线。

◆仅横截面（C）：创建仅由截面定义的放样对象。

◆设置（S）：进一步设置放样操作的参数和选项。包含直纹、平滑拟合、

法线指向、拔模斜度等类型。

6.3.5 拖曳

拖曳（PRESSPULL）是指将一个二维图形沿指定方向移动一定距离，从而生成一个新的三维实体。操作步骤如下：

1️⃣ 在功能区中，依次单击【默认】→【编辑】→【按住并拖动】【■】（三维基础操作空间）；或依次单击【常用】→【建模】→【按住并拖动】【■】（三维建模操作空间）。或者在命令行中输入"PRESSPULL"命令并按【Enter】键，如图6-45所示。

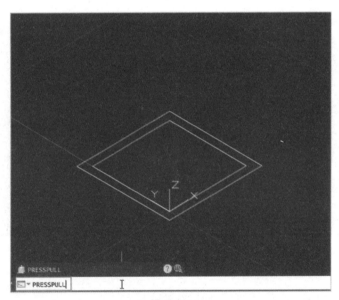

图 6-45

2️⃣ 命令行提示如下：

命令：PRESSPULL

PRESSPULL 选择对象或边界区域：// 选中要拖曳的对象并按【Enter】键，如图 6-46 所示

PRESSPULL 指定拉伸高度或 [多个 (M)]：// 拖曳图形或者输入拉伸高度并按【Enter】键，如图 6-47 所示

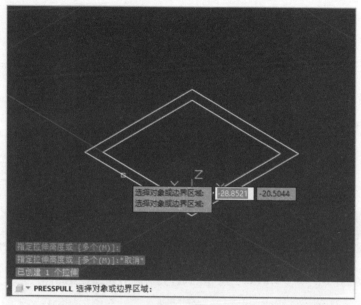

图 6-46

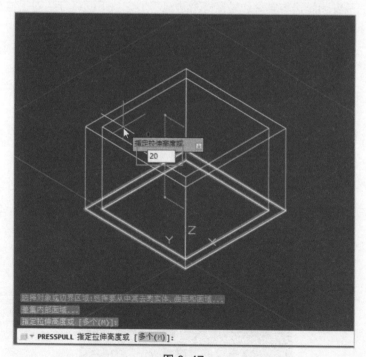

图 6-47

3 拖曳完成的图形如图6-48所示。

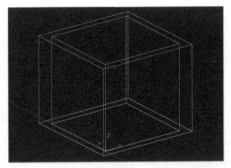

图 6-48

6.4 圆角边与倒角边

在 AutoCAD 中,可以对三维图形进行圆角边和倒角边操作,与二维图形中的圆角和倒角操作相比,两者有一定区别。二维圆角与倒角是将二维角平滑处理,而三维圆角边与倒角边是使图形边缘平滑化。下面将介绍对三维图形进行圆角边和倒角边的操作方法。

6.4.1 圆角边

圆角边(FILLETEDGE)是指通过在两个相交边缘之间创建一个圆弧来替代尖锐的边缘。其操作步骤如下:

1. 在菜单栏中,执行【修改】→【实体编辑】→【圆角边】命令。或者在命令行中输入"FILLETEDGE"命令并按【Enter】键,如图6-49所示。

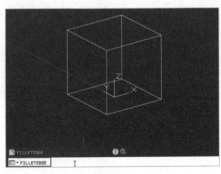

图 6-49

② 命令行提示如下：

> 命令：FILLETEDGE
>
> FILLETEDGE 选择边或 [链 (C) 环 (L) 半径 (R)]：//选择需要圆角的边，如图 6-50 所示
>
> FILLETEDGE 选择边或 [链 (C) 环 (L) 半径 (R)]：//选择【半径 (R)】选项或输入 "R"，如图 6-51 所示
>
> FILLETEDGE 输入圆角半径或 [表达式 (E)]<1.0000>：//输入圆角半径并按【Enter】键，如图 6-52 所示
>
> FILLETEDGE 选择边或 [链 (C) 环 (L) 半径 (R)]：//继续选择其他需要圆角的边并按【Enter】键，如图 6-53 所示

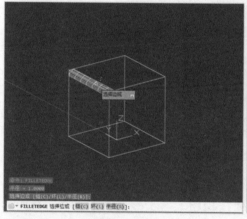

图 6-50

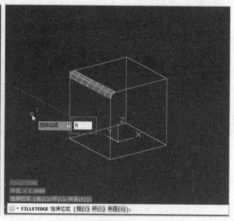

图 6-51

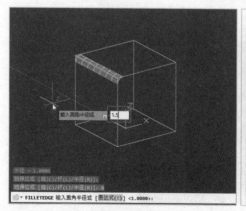

图 6-52

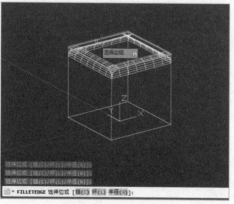

图 6-53

3 完成圆角边操作后的图形如图6-54所示。

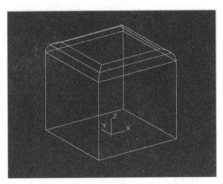

图 6-54

命令中各选项说明如下：

◆链（C）：选择一系列相邻的边缘进行圆角边操作。

◆环（L）：对一个面上的所有边进行圆角操作。

◆半径（R）：指定圆角的半径大小。

◆表达式（E）：输入公式或方程式以指定圆角半径。

6.4.2 倒角边

倒角边（CHAMFEREDGE），是指在两个相交边缘之间创建一个斜角来切除边缘的尖锐部分。其操作步骤如下：

1 在菜单栏中，执行【修改】→【实体编辑】→【倒角边】命令。或者在命令行中输入"CHAMFEREDGE"命令并按【Enter】键，如图6-55所示。

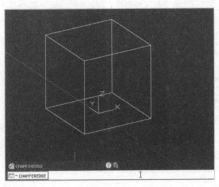

图 6-55

2 命令行提示如下：

命令：CHAMFEREDGE

CHAMFEREDGE 选择同一个面上的其他边或 [环 (L) 距离 (D)]: // 选择需要倒角的边，如图 6-56 所示

CHAMFEREDGE 选择同一个面上的其他边或 [环 (L) 距离 (D)]: // 选择【距离 (D)】选项或输入 "D"，如图 6-57 所示

CHAMFEREDGE 指定距离 1 或 [表达式 (E)]<1.0000>: // 输入倒角边距离，如图 6-58 所示

CHAMFEREDGE 选择同一个面上的其他边或 [环 (L) 距离 (D)]: // 继续选择其他需要倒角的边并按【Enter】键，如图 6-59 所示

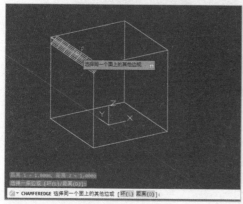

图 6-56

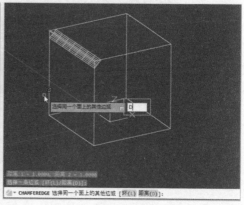

图 6-57

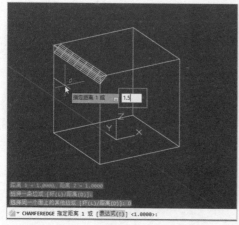

图 6-58

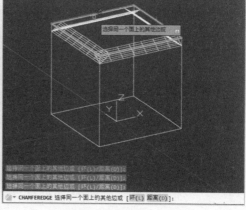

图 6-59

③ 完成倒角边操作后的图形如图6-60所示。

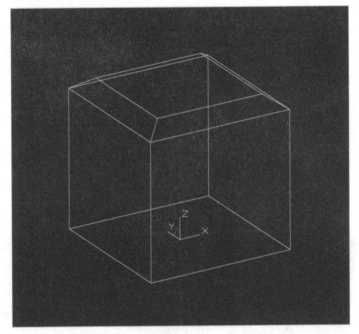

图 6-60

命令中各选项说明如下：

◆环（L）：对一个面上的所有边进行倒角边操作。

◆距离（D）：指定倒角的距离。

◆表达式（E）：输入公式或方程式以指定倒角距离。

实用贴士

　　在执行圆角边或倒角边操作时，许多用户经常因为图形比较复杂而难以选中需要进行操作的边。此时可以在状态栏中单击【▣】按钮以启用对象捕捉功能，也可以在其扩展列表中勾选【端点】【中点】【插入点】等特定位置，使操作更加准确和方便。

Chapter

07

第 7 章

编辑三维实体

导读 ▷

　　同对二维图形进行编辑一样，用户也可以利用 AutoCAD对三维实体进行编辑，从而创造出具有复杂形状的三维实体。另外，AutoCAD还提供了丰富的可视化功能，用户可以改变三维实体的显示形式，使其呈现出不同的外观。通过学习本章，用户将学会对三维实体进行编辑（从本章开始，图形绘制以及其他操作默认在三维建模操作空间中进行）。

学习要点：★学会基本三维操作

　　　　　★学会编辑三维实体

　　　　　★学会设置三维实体的显示形式

7.1 三维操作

为了满足不同的设计需求或实现特定的效果，用户经常需要调整和变换三维图形的位置、方向和排列方式等。AutoCAD 2024 中，三维操作有三维移动、三维旋转、三维缩放、三维镜像和三维阵列。下面将分别进行介绍。

7.1.1 三维移动

移动三维图形的操作步骤如下：

1. 在菜单栏中，执行【修改】→【三维操作】→【三维移动】命令。或者在命令行中输入"3DMOVE"命令并按【Enter】键。

2. 命令行提示如下：

命令：3DMOVE

3DMOVE 选择对象：//选择要移动的对象并按【Enter】键，如图 7-1 所示

3DMOVE 指定基点或 [位移 (D)]< 位移 >：//指定位移基点，如图 7-2 所示

3DMOVE 指定第二个点或 < 使用第一个点作为位移 >：//指定位移的目标点，如图 7-3 所示

3. 移动后的图形如图7-4所示。

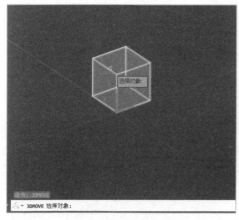

图 7-1

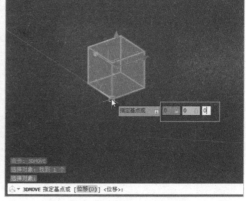

图 7-2

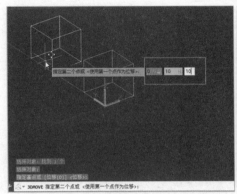

图 7-3

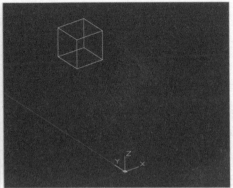

图 7-4

7.1.2 三维旋转

旋转三维图形的操作步骤如下：

1　在菜单栏中，执行【修改】→【三维操作】→【三维旋转】命令。或者在命令行中输入"3DROTATE"命令并按【Enter】键。

2　命令行提示如下：

命令：3DROTATE

3DROTATE 选择对象：// 选择需要旋转的对象并按【Enter】键，如图 7-5 所示

3DROTATE 指定基点：// 指定旋转基点位置，如图 7-6 所示

3DROTATE 指定旋转角度或 [基点 (B) 复制 (C) 放弃 (U) 参照 (R) 退出 (X)]：
// 指定旋转角度并按【Enter】键，如图 7-7 所示

3　旋转后的图形如图7-8所示。

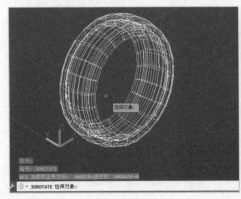

图 7-5

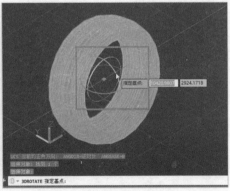

图 7-6

211

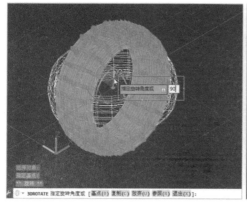

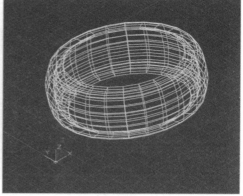

图 7-7   图 7-8

7.1.3 三维对齐

对齐三维图形的操作步骤如下：

1 在菜单栏中，执行【修改】→【三维操作】→【对齐】命令。或者在命令行中输入"3DALIGN"命令并按【Enter】键。

2 命令行提示如下：

命令：3DALIGN
3DALIGN 选择对象：// 选择需要对齐的对象并按【Enter】键，如图 7-9 所示
3DALIGN 指定基点或 [复制 (C)]：// 指定对象对齐的基点，如图 7-10 所示
3DALIGN 指定第二个点或 [继续 (C)]<C>：// 指定对象对齐的第二个点，如图 7-11 所示
3DALIGN 指定第三个点或 [继续 (C)]<C>：// 指定对象对齐的第三个点，如图 7-12 所示
3DALIGN 指定第一个目标点：// 指定对齐目标的第一个点，如图 7-13 所示
3DALIGN 指定第二个目标点或 [退出 (X)]<X>：// 指定对齐目标的第二个点，如图 7-14 所示
3DALIGN 指定第三个目标点或 [退出 (X)]<X>：// 指定对齐目标的第三个点，如图 7-15 所示

③ 对齐的图形如图7-16所示。

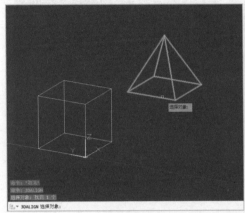

图 7-9

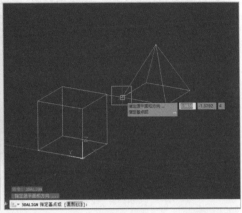

图 7-10

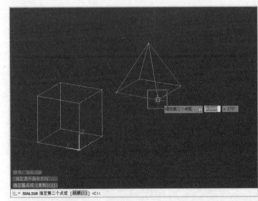

图 7-11

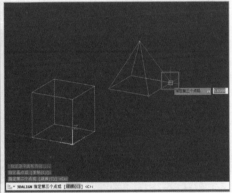

图 7-12

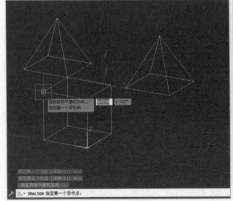

图 7-13

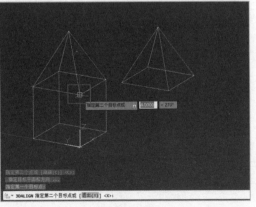

图 7-14

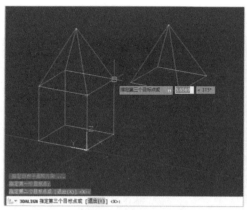

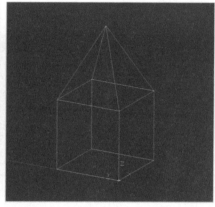

图 7-15   图 7-16

7.1.4   三维镜像

镜像三维图形的操作步骤如下：

1️⃣ 在菜单栏中，执行【修改】→【三维操作】→【三维镜像】命令。或者在命令行中输入"MIRROR3D"命令并按【Enter】键。

2️⃣ 命令行提示如下：

> 命令：MIRROR3D
> MIRROR3D 选择对象：// 选择要镜像的对象，如图 7-17 所示
> MIRROR3D 指定镜像平面 (三点) 的第一个点或 [对象 (O) 最近的 (L)Z 轴 (Z) 视图 (V)XY 平面 (XY)YZ 平面 (YZ)ZX 平面 (ZX) 三点 (3)]< 三点 >：// 指定镜像平面上的第一个点，如图 7-18 所示
> MIRROR3D[对象 (O) 最近的 (L)Z 轴 (Z) 视图 (V)XY 平面 (XY)YZ 平面 (YZ)ZX 平面 (ZX) 三点 (3)]< 三点 >：在镜像平面上指定第二点；在镜像平面上指定第三点：// 依次指定镜像平面上的第二、第三点，如图 7-19 所示
> MIRROR3D 是否删除源对象？[是 (Y) 否 (N)]< 否 >：// 选择【否 (N)】选项，如图 7-20 所示

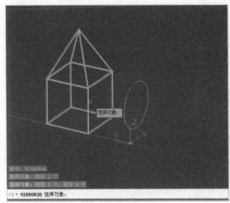

图 7-17

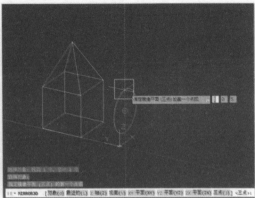

图 7-18

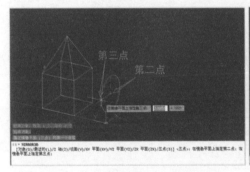

图 7-19

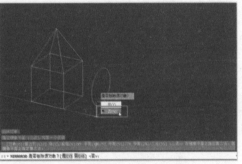

图 7-20

3 镜像后的图形如图7-21所示。

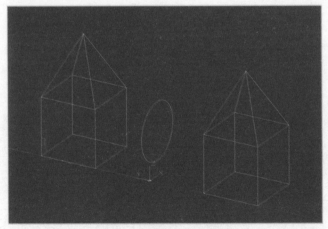

图 7-21

命令中各选项说明如下：

◆对象（O）：选定对象上的一个平面作为镜像平面。

◆最近的（L）：将上一次选定的镜像平面作为镜像平面。

◆Z轴（Z）：通过Z轴来定义镜像平面。

◆视图（V）：以当前视图作为镜像平面进行镜像操作。

◆XY平面（XY）：以当前坐标系的XY平面作为镜像平面进行镜像操作。

◆YZ平面（YZ）：以当前坐标系的YZ平面作为镜像平面进行镜像操作。

◆ZX平面（ZX）：以当前坐标系的ZX平面作为镜像平面进行镜像操作。

◆三点（3）：通过指定3个点来定义一个平面作为镜像平面。

实用贴士　　镜像操作需要一个平面来作为镜像的参考面，因此在进行三维镜像操作前，需要先指定一个三维面作为镜像平面，否则只能指定三维对象的一个面作为镜像平面，从而创建出两个紧紧相连的三维实体。不过用户也可以利用这种方法创建出一些具有对称性的三维实体。

7.1.5　三维阵列

阵列三维图形的操作步骤如下：

1️⃣ 在菜单栏中，执行【修改】→【三维操作】→【三维阵列】命令。或者在命令行中输入"3DARRAY"命令并按【Enter】键。

2️⃣ 命令行提示如下：：

```
命令：3DARRAY
选择对象：//选择要阵列的对象并按【Enter】键，如图7-22所示
输入阵列类型[矩形(R)环形(P)]<矩形>：//选择一种阵列类型，如图
7-23所示
输入阵列中的项目数目：//输入阵列中对象的总数
指定要填充的角度(+=逆时针，-=顺时针)<360>：//指定圆形阵列的
角度
```

旋转阵列对象？［是 (Y) 否 (N)] <Y>： // 选择是否要旋转阵列对象
指定阵列的中心点： // 指定圆形阵列的圆心
指定旋转轴上的第二点： // 指定旋转轴的端点

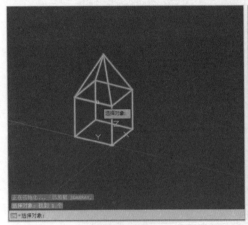

图 7-22

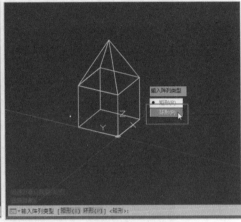

图 7-23

3 对象总数为8、阵列角度为360° 的阵列结果如图7-24所示。

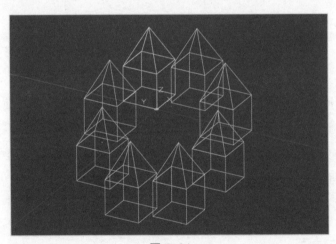

图 7-24

命令中各选项说明如下：

◆矩形（R）：以矩形阵列复制图形。需要指定行数、列数、层数、行间距、列间距、层间距来定义阵列。

◆环形（P）：以环形阵列复制图形。需要指定项目数、角度、中心点、端点来定义阵列。

④ 图7-25所示为3层3行2列，行间距、列间距、层间距都为10的矩形阵列。

图 7-25

7.2 实体编辑

在 AutoCAD 2024 中，用户不仅可以调整和变换三维图形的位置、方向和排列方式等，还可以对三维实体的不同部分进行编辑和修改，从而改变三维实体的形状。三维实体编辑的命令包括拉伸面、旋转面、倾斜面、着色面、删除面、抽壳等。下面将分别进行介绍。

7.2.1 拉伸面

拉伸面的操作步骤如下：

1 在菜单栏中，执行【修改】→【实体编辑】→【拉伸面】命令。或者在命令行中输入"SOLIDEDIT"命令并按【Enter】键。

2 命令行提示如下：

命令：SOLIDEDIT

SOLIDEDIT 输入实体编辑选项 [面 (F) 边 (E) 体 (B) 放弃 (U) 退出 (X)]< 退出 >：// 选择【面 (F)】选项，如图 7-26 所示

SOLIDEDIT 输入面编辑选项 [拉伸 (E) 移动 (M) 旋转 (R) 偏移 (O) 倾斜 (T) 删除 (D) 复制 (C) 颜色 (L) 材质 (A) 放弃 (U) 退出 (X)]< 退出 >：// 选择【拉伸 (E)】选项，如图 7-27 所示

SOLIDEDIT 选择面或 [放弃 (U) 删除 (R) 全部 (ALL)]：// 选择要拉伸的面并按【Enter】键，如图 7-28 所示

SOLIDEDIT 指定拉伸高度或 [路径 (P)]：// 输入拉伸高度，如图 7-29 所示

SOLIDEDIT 指定拉伸的倾斜角度 <0>：// 输入倾斜角度，如图 7-30 所示

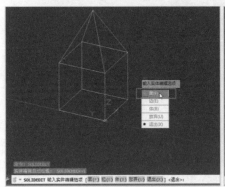

图 7-26

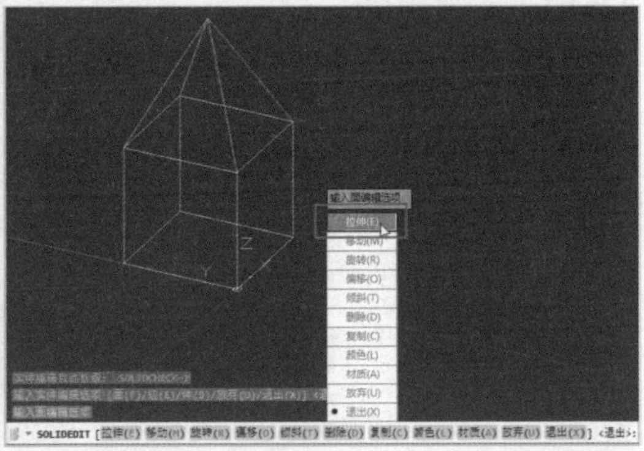

图 7-27

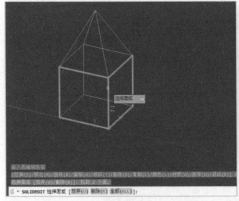

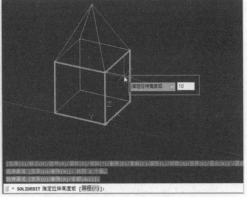

图 7-28

图 7-29

3　拉伸面后的图形如图7-31所示。

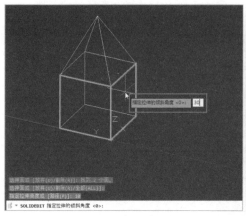 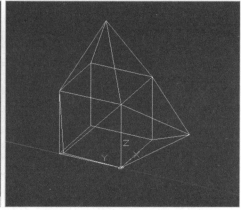

图 7-30   图 7-31

7.2.2 旋转面

旋转面的操作步骤如下：

1 在菜单栏中，执行【修改】→【实体编辑】→【旋转面】命令。或者在命令行中输入"SOLIDEDIT"命令并按【Enter】键。

2 命令行提示如下：

命令：SOLIDEDIT

SOLIDEDIT 输入实体编辑选项 [面 (F) 边 (E) 体 (B) 放弃 (U) 退出 (X)]< 退出 >： // 选择【面 (F)】选项

SOLIDEDIT 输入面编辑选项 [拉伸 (E) 移动 (M) 旋转 (R) 偏移 (O) 倾斜 (T) 删除 (D) 复制 (C) 颜色 (L) 材质 (A) 放弃 (U) 退出 (X)]< 退出 >： // 选择【旋转 (R)】选项

SOLIDEDIT 选择面或 [放弃 (U) 删除 (R) 全部 (ALL)]： // 选择要旋转的面并按【Enter】键，如图 7-32 所示

SOLIDEDIT 指定轴点或 [经过对象的轴 (A) 视图 (V)X 轴 (X)Y 轴 (Y)Z 轴 (Z)]< 两点 >： // 指定旋转轴的端点，如图 7-33 所示

SOLIDEDIT 在旋转轴上指定第二个点： // 指定旋转轴的另一个端点，如图 7-34 所示

SOLIDEDIT 指定旋转角度或 [参照 (R)]： // 输入旋转角度并按【Enter】键，如图 7-35 所示

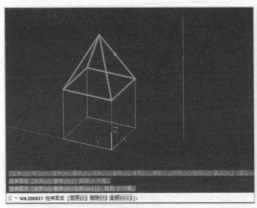

图 7-32

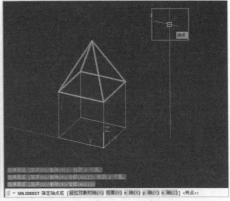

图 7-33

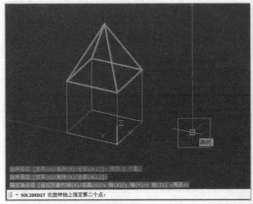

图 7-34

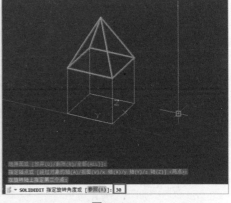

图 7-35

3 立方体顶部的四棱锥旋转30° 后的效果如图7-36所示。

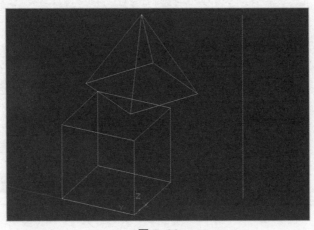

图 7-36

7.2.3 倾斜面

倾斜面的操作步骤如下:

1 在菜单栏中,执行【修改】→【实体编辑】→【倾斜面】命令。或者在命令行中输入"SOLIDEDIT"命令并按【Enter】键。

2 命令行提示如下:

命令: SOLIDEDIT

SOLIDEDIT 输入实体编辑选项 [面 (F) 边 (E) 体 (B) 放弃 (U) 退出 (X)]< 退出 >: // 选择【面 (F)】选项

SOLIDEDIT 输入面编辑选项 [拉伸 (E) 移动 (M) 旋转 (R) 偏移 (O) 倾斜 (T) 删除 (D) 复制 (C) 颜色 (L) 材质 (A) 放弃 (U) 退出 (X)]< 退出 >: // 选择【倾斜 (T)】选项

SOLIDEDIT 选择面或 [放弃 (U) 删除 (R) 全部 (ALL)]: // 选择要旋转的面并按【Enter】键,如图 7-37 所示

SOLIDEDIT 指定基点: // 选择倾斜的基点,该点在倾斜后不会发生变化,如图 7-38 所示

SOLIDEDIT 指定沿倾斜轴的另一个点: // 选择倾斜轴的端点,该点会随着倾斜而移动,如图 7-39 所示

SOLIDEDIT 指定倾斜角度: // 输入倾斜角度,如图 7-40 所示

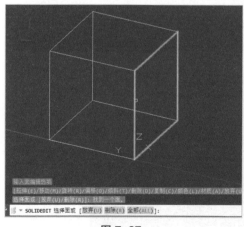

图 7-37

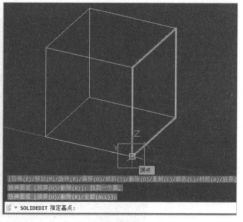

图 7-38

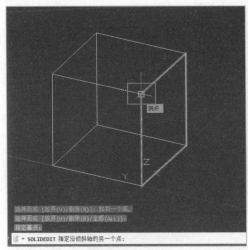
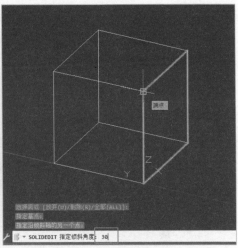

图 7-39   图 7-40

3 所选的面被倾斜，如图7-41所示。

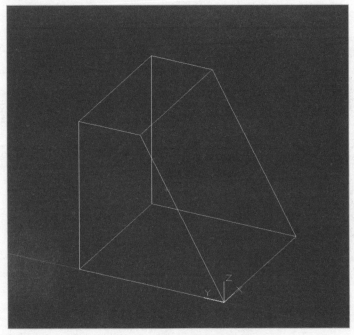

图 7-41

7.2.4 着色面

着色面的操作步骤如下：

1 在菜单栏中，执行【修改】→【实体编辑】→【着色面】命令。或者在命令行中输入"SOLIDEDIT"命令并按【Enter】键。

2 命令行提示如下：

命令：SOLIDEDIT

SOLIDEDIT 输入实体编辑选项 [面 (F) 边 (E) 体 (B) 放弃 (U) 退出 (X)]< 退出 >：// 选择【面 (F)】选项

SOLIDEDIT 输入面编辑选项 [拉伸 (E) 移动 (M) 旋转 (R) 偏移 (O) 倾斜 (T) 删除 (D) 复制 (C) 颜色 (L) 材质 (A) 放弃 (U) 退出 (X)]< 退出 >：// 选择【颜色 (L)】选项

SOLIDEDIT 选择面或 [放弃 (U) 删除 (R) 全部 (ALL)]：// 选择要着色的面并按【Enter】键，如图 7-42 所示

3 弹出【选择颜色】对话框，选择一种颜色作为着色面的颜色，单击【确定】按钮，如图7-43所示。

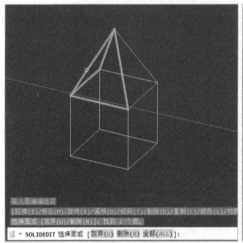

图 7-42

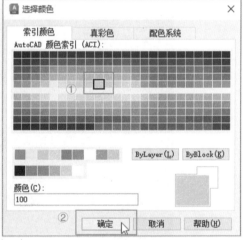

图 7-43

4 着色完成的图形如图7-44所示。切换视图样式后的图形如图7-45所示。

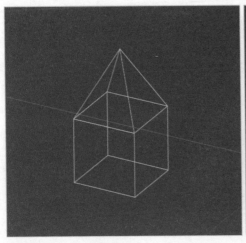

图 7-44

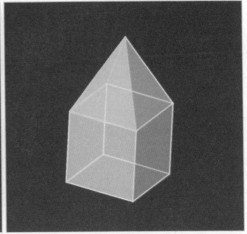

图 7-45

7.2.5 删除面

删除面的操作步骤如下:

1. 在菜单栏中,执行【修改】→【实体编辑】→【删除面】命令。或者在命令行中输入"SOLIDEDIT"命令并按【Enter】键。

2. 命令行提示如下:

命令: SOLIDEDIT

SOLIDEDIT 输入实体编辑选项 [面 (F) 边 (E) 体 (B) 放弃 (U) 退出 (X)]< 退出 >: // 选择【面 (F)】选项

SOLIDEDIT 输入面编辑选项 [拉伸 (E) 移动 (M) 旋转 (R) 偏移 (O) 倾斜 (T) 删除 (D) 复制 (C) 颜色 (L) 材质 (A) 放弃 (U) 退出 (X)]< 退出 >: // 选择【删除 (D)】选项

SOLIDEDIT 选择面或 [放弃 (U) 删除 (R) 全部 (ALL)]: // 选择要删除的面并按【Enter】键,如图 7-46 所示

3. 长方体上方的倒角面被删除,如图7-47所示。

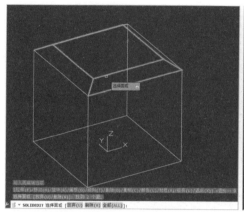

图 7-46

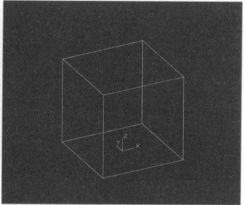

图 7-47

7.2.6 抽壳

抽壳的操作步骤如下:

1️⃣ 在菜单栏中，执行【修改】→【实体编辑】→【抽壳】命令。或者在命令行中输入"SOLIDEDIT"命令并按【Enter】键。

2️⃣ 命令行提示如下:

命令: SOLIDEDIT
SOLIDEDIT 输入实体编辑选项 [面 (E) 边 (E) 体 (B) 放弃 (U) 退出 (X)]<
退出 >: // 选择【体 (B)】选项
输入体编辑选项 [压印 (I) 分割实体 (P) 抽壳 (S) 清除 (L) 检查 (C) 放弃 (U)
退出 (X)]< 退出 >: // 选择【抽壳 (S)】选项
SOLIDEDIT 选择三维实体: // 选择要抽壳的三维实体,如图 7-48 所示
SOLIDEDIT 输入抽壳偏移距离: // 输入抽壳偏移距离(壳体厚度)并
按【Enter】键,如图 7-49 所示

3️⃣ 抽壳后的图形如图7-50所示。

在执行抽壳操作的过程中,输入抽壳偏移距离时,如果输入正数,AutoCAD 会默认向实体的内部进行抽壳;如果输入负数,即可向实体的外部进行抽壳。

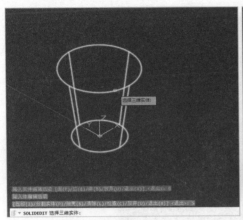

图 7-48

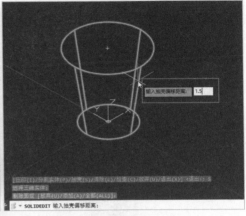

图 7-49

图 7-50

7.3 三维实体显示形式

三维实体的显示形式是指以某种方式将三维实体呈现在绘图区域中。不同的显示形式可以影响实体的外观和可见性。AutoCAD 2024 提供了多种三维实体的显示形式，用户可以切换不同的显示形式来满足不同的绘图需要，以便更好地理解和编辑三维模型。

7.3.1 消隐

消隐是指只显示实体外部的轮廓线，同时隐藏内部的线条，以减少视觉上的混乱并使实体外形更加清晰。

执行消隐显示形式，可以在菜单栏中，执行【视图】→【消隐】命令，如图 7-51 所示。

图 7-51

也可以在命令行中输入"HIDE"命令并按【Enter】键，如图 7-52 所示。

图 7-52 中的原图形在消隐显示形式下的效果如图 7-53 所示。

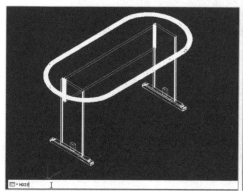

图 7-52

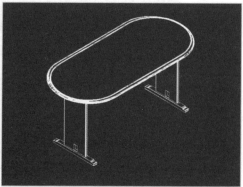

图 7-53

7.3.2 视觉样式

视觉样式功能是用来控制和调整三维实体模型的外观或显示方式的功能。通过视觉样式，用户可以改变三维实体的颜色、线型、阴影、透明度等属性，从而改变整体的视觉效果。

（1）视觉样式的分类

AutoCAD 2024 提供了 10 种视觉样式，包括二维线框、线框、消隐、真实、概念等，这些视觉样式特点不同，适应的场景也不同，用户可以根据需要选择适当的视觉样式。具体介绍见表 7-1。

表 7-1

图例	视觉样式	含义	特点
	二维线框	以直线和曲线等简单的线条形式显示二维对象	没有填充或阴影效果，适用于二维绘图和编辑
	线框	以直线和曲线等简单的线条形式显示三维实体	适用于三维绘图和编辑实体
	真实	将对象边缘平滑化，以真实的材质、光照和阴影效果显示实体	使三维实体更加逼真，适用于渲染实体
	概念	以简化的材质和光照效果显示实体	效果缺乏真实感，适合查看三维实体的细节或用于快速展示
	着色	为三维实体表面填充颜色	使三维实体看起来更加立体
	带边缘着色	为三维实体表面填充颜色，同时在边缘处添加线条	使三维实体的轮廓更加清晰
	灰度	以灰度色调填充三维实体表面	仅呈现出黑、白、灰三种颜色

229

续表

	勾画	使用线延伸和抖动边修改器表现实体	呈现出手绘风格的效果
	X 射线	为三维实体填充颜色，在实体相互重叠的部分显示不同的颜色或透明度加以区分	可以更好地识别和分辨重叠的实体

通过功能区切换视觉样式的操作步骤如下：

在功能区中，单击【常用】选项卡下【视图】选项组中的【视觉样式】下拉按钮，在其下拉列表中选择一种视觉样式即可，如图 7-54 所示。也可以单击【可视化】选项卡下【视觉样式】选项组中的【视觉样式】下拉按钮，在其下拉列表中选择一种视觉样式即可，如图 7-55 所示。

图 7-54

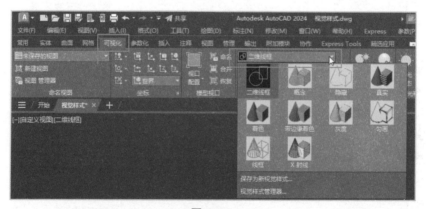

图 7-55

通过绘图区切换视觉样式的操作步骤如下：

在绘图区中,单击左上角的视觉样式控件,在弹出的下拉列表中选择一种视觉样式即可,如图 7-56 所示。

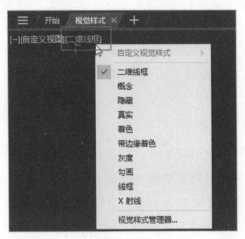

图 7-56

通过命令行切换视觉样式的操作步骤如下:

1 在命令行中输入"VSCURRENT"命令并按【Enter】键。

2 命令行提示如下:

命令: VSCURRENT

VSCURRENT 输入选项 [二维线框 (2) 线框 (W) 隐藏 (H) 真实 (R) 概念 (C) 着色 (S) 带边缘着色 (E) 灰度 (G) 勾画 (SK)X 射线 (X) 其他 (O)]< 二维线框 >: //选择一个选项即可,如图 7-57 所示

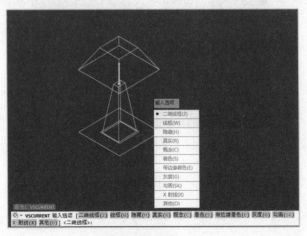

图 7-57

实用贴士

除了预设视觉样式，AutoCAD 还提供了自定义视觉样式的功能。用户可以执行"VISUALSTYLES"命令，打开【视觉样式管理器】选项板，在该选项板中调整线型、线宽、颜色等参数，根据特定绘图需求创建新的视觉样式。

（2）视觉样式的切换方法

切换视觉样式可以通过菜单栏、功能区、绘图区或命令行来实现。

通过菜单栏切换视觉样式的操作步骤如下：

在菜单栏中，单击【视图】菜单，在下拉列表中选择【视觉样式】命令，在其子列表中选择一种视觉样式即可，如图 7-58 所示。

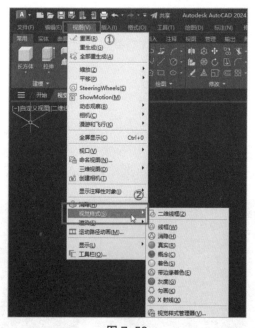

图 7-58